基于 TensorFlow 的图像生成

Hands-On Image Generation with TensorFlow

[英] Soon Yau Cheong（张舜尧） 著

冒 燕 童杏林 译

電子工業出版社

Publishing House of Electronics Industry

北京 · BEIJING

内 容 简 介

本书是一本使用深度学习生成图像和视频的实用指南。书中深入浅出地介绍了基于TensorFlow生成图像的基本原理。本书有三部分共10章，第一部分介绍使用TensorFlow生成图像的基本知识，包括概率模型、自动编码器和生成对抗网络（GAN）；第二部分通过一些应用程序案例介绍具体的图像生成模型，包括图像到图像转换技术、风格转换和人工智能（AI）画家案例；第三部分介绍生成对抗网络的具体应用，包括高保真面孔生成、图像生成的自我关注和视频合成。本书内容详尽、案例丰富，通过阅读本书，读者不仅可以理解基于TensorFlow生成图像的基本原理，还可以真正掌握图像生成的技能。

本书适合图像处理、计算机视觉和机器学习等专业的本科生、研究生及相关技术人员阅读参考。

图书在版编目（CIP）数据

基于TensorFlow的图像生成/（英）张舜尧著；冒燕，童杏林译. —北京：电子工业出版社，2022.9
书名原文：Hands-On Image Generation with TensorFlow
ISBN 978-7-121-44347-3

Ⅰ. ①基…　Ⅱ. ①张…　②冒…　③童…　Ⅲ. ①图像处理软件－程序设计　Ⅳ. ①TP391.413

中国版本图书馆CIP数据核字（2022）第176799号

责任编辑：满美希　　文字编辑：徐　萍
印　　刷：北京捷迅佳彩印刷有限公司
装　　订：北京捷迅佳彩印刷有限公司
出版发行：电子工业出版社
　　　　　北京市海淀区万寿路173信箱　邮编：100036
开　　本：720×1000　1/16　印张：15.5　字数：305千字
版　　次：2022年9月第1版
印　　次：2024年1月第2次印刷
定　　价：89.00元

凡所购买电子工业出版社图书有缺损问题，请向购买书店调换。若书店售缺，请与本社发行部联系，联系及邮购电话：（010）88254888，88258888。

质量投诉请发邮件至zlts@phei.com.cn，盗版侵权举报请发邮件至dbqq@phei.com.cn。

本书咨询和投稿联系方式：（010）88254590，manmx@phei.com.cn。

前　言

任何足够高级的技术都近乎魔术。

——阿瑟·克拉克

上面这句话用来描述基于人工智能（Artificial Intelligence，AI）的图像生成最为贴切。深度学习领域是人工智能的一个子集，它在十余年来得到了迅速发展。现在我们可以生成与真实人脸难以区分的人造面孔，并通过简笔画生成逼真的绘画，这些能力主要归功于一种深度神经网络，称为生成对抗网络（Generative Adversarial Network，GAN）。通过学习这本可实际操作的书，你不仅能够掌握图像生成的技能，而且会对其深层次原理有深刻的理解。

本书首先介绍了使用 TensorFlow 生成图像的基本原理，包括可变自编码器和 GAN。当你阅读这些章节时，将学习如何为不同的应用程序构建模型，使用深度伪造（DeepFake）、神经风格迁移、图像到图像翻译、简单图像转换为逼真图像等实施人脸互换。在使用高级模型生成和编辑人脸之前，你还将了解如何以及为什么要使用谱归一化和自注意力层等高级技术来构建最先进的深度神经网络。本书还将介绍照片恢复、文本到图像合成、视频重定向和神经渲染；同时，你将学习如何在 TensorFlow 2.x 中从零开始搭建模型，包括 PixelCNN、VAE、DCGAN、WGAN、pix2pix、CycleGAN、StyleGAN、GauGAN 和 BigGAN。

当学完这本书时，你将精通 TensorFlow 和图像生成技术。

本书为谁而写

本书面向具备卷积神经网络基本知识、从事深度学习并希望使用本书来学习 TensorFlow 2.x 的各种图像生成技术的工程师、专业技术人员和研究人员。如果你是图像处理专业人士或计算机视觉工程师，希望探索最先进的体系结构以改进和增强图像、视频，你也会发现本书对你的工作具有很大的帮助。当然，熟悉 Python 和 TensorFlow 知识是充分利用本书的必要条件。

如何使用本书

网络上可以搜到许多关于 GAN 基础知识的在线教程，然而在这些教程中讲解的模型相当简单，只适用于简单的数据集。除了模型简单，还存在着另一个问题，就是那些运用最先进模型生成真实图像的免费代码，比较复杂且缺乏解释，初学者很难理解。许多下载 Git 库代码的复制者并不知道如何调整模型以使其适用于自己的应用程序，本书的出版旨在解决这一问题。

本书帮助读者从学习基本原理开始，并立即运行代码进行测试，可以马上看到工作成果。构建模型所需的所有代码都在 Jupyter Notebook 中，这是为了使你能够更轻松地理解代码的运行过程，并以交互的方式修改和测试代码。我相信从零开始编写代码是学习和掌握深度学习的最好方法。本书每章都有 1～3 个模型，我们将从头开始编写它们。当你读完这本书时，你不仅会熟悉图像生成，而且可以成为 TensorFlow 2 的专家。

本书章节按照 GAN 的发展时间顺序排列，其中某些章节可能建立在前几章的知识基础上。因此，读者最好按顺序阅读各章，尤其是前三章，因为它们涵盖了基础知识；从第 4 章开始，读者可以跳到更感兴趣的章节。如果在阅读过程中对缩写词感到困惑，可以参考上一章列出的 GAN 技术总结。

本书的内容

第 1 章“开始使用 TensorFlow 生成图像”：介绍像素概率的基础知识，并使用它构建本书的第一个模型来生成手写数字。

第 2 章“变分自编码器”：解释如何建立一个变分自编码器（VAE），并使用它生成和编辑人脸。

第 3 章“生成对抗网络”（GAN）：首先介绍 GAN 的基本原理，并构建一个 DCGAN 来生成逼真图像；然后带领读者学习新的对抗损失来稳定训练。

第 4 章“图像到图像的翻译”：涵盖许多模型和有趣的应用。首先，使用 pix2pix 将草图转换为逼真的照片；然后，用 CycleGAN 把马变成斑马；最后，利用 BicycleGAN 生成各种各样的鞋子。

第 5 章“风格迁移”：解释如何从绘画中提取风格并将其迁移到照片中；讲述可使神经风格迁移运行更快的先进技术，并在最先进的 GAN 中使用它。

第 6 章“人工智能画家”：首先，以交互 GAN（iGAN）为例，介绍图像编辑和转换的基本原理；然后，建立 GauGAN，并从简单的分割图开始创建逼真的建筑图。

第 7 章“高保真人脸生成”：介绍使用渐进式 GAN 逐步扩展网络层，并展示如何使用风格迁移技术来构建 StyleGAN。

第 8 章“图像生成的自注意力机制”：展示如何将自注意力嵌入用于条件图像生成的 Self-Attention GAN（SAGAN）和 BigGAN 中。

第 9 章“视频合成”：演示如何使用自编码器来创建 DeepFake 视频。在此过程中，学习如何使用 OpenCV 和 dlib 进行人脸处理。

第 10 章“总结与展望”：回顾和总结本书所介绍的生成技术，并思考如何将它们用作新兴应用程序的基础，包括文本到图像的合成、视频压缩和视频重定向。

如何充分利用本书

读者应具备深度学习训练流程的基础知识，如用于图像分类的卷积神经网络训练。本书主要使用 TensorFlow 2 中容易学习的高级 Keras API。如果需要更新或学习 TensorFlow 2，可以从网上获得许多免费教程，如 TensorFlow 官方网站（参见链接 1）[①]。

本书中涉及的软件	TensorFlow 2.2
所需的操作系统	Windows、Mac OS X 或 Linux
硬件	最小内存为 4GB 的 GPU

由于训练深度神经网络需要大量计算，可以只使用 CPU 训练前面几个简单模型。然而，在后面的章节中，随着我们进入更复杂的模型和数据集，模型训练可能需要几天时间才能开始看到令人满意的结果。为了充分利用这本书，应使用 GPU 来加速模型训练时间。如谷歌的 Colab，可以利用免费的 GPU 云服务，在上面上传和运行代码。

如果你正在使用本书的数字版本，我们建议你自己输入代码或通过 GitHub 存储库访问代码（下一节提供链接），可以帮助你避免与复制和粘贴代码相关的任何潜在错误。

① 请登录华信教育资源网下载本书提供的参考资料，正文中提及参见链接 1、链接 2 等时，可在下载的“参考资料.pdf”文件中查询。

下载示例代码文件

可以从 GitHub 存储库（参见链接 2）下载本书的示例代码文件。若代码有更新，将在现有的 GitHub 存储库中更新。

我们还在相关网站（参见链接 3）上提供了丰富的图书和视频目录中的其他代码包，可以随时查看。

下载彩色图像

我们还提供了一个 PDF 文件，里面有本书中使用的屏幕截图/图表的彩色图像。可以在相关网站下载，参见链接 4。

使用惯例

本书中使用了许多文本惯例。

Code in text：表明文本中的代名词、数据库表名、文件夹名、文件名、文件扩展名、路径名、虚拟 URL、用户输入、Twitter 句柄。例如："这样使用 tf.gather(self.beta, labels)，它等价于 beta = self.beta[labels]，如下所示。"

代码块的设置如下：

```
attn = tf.matmul(theta, phi, transpose_b=True)
attn = tf.nn.softmax(attn)
```

加粗的行或项表示需要读者注意的代码块特定部分，示例如下：

```
self.conv_theta = Conv2D(c//8, 1, padding='same',
                    kernel_constraint=SpectralNorm(),
                    name='Conv_Theta')
```

命令行输入或输出示例如下：

```
$ mkdir css
$ cd css
```

粗体：表示一个新术语、重要单词或用户在屏幕上看到的单词。例如，菜单或对话框中的单词会像这样出现在文本中："从前面的架构图中，我们可以看到 **G1** 的编码器输出与 **G1** 的特性图连接，并输入 **G2** 的解码器部分，以生成高分辨率的图像。"

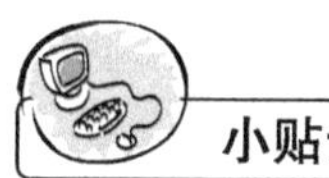

小贴士或重要笔记

看起来像这样的。

取得联系

我们欢迎读者的反馈。

一般反馈：如果你对本书的任何方面有疑问，请在邮件主题中加入英文版书名，并给我们发电子邮件至 customercare@packtpub.com。

勘误表：尽管我们已经尽一切努力确保内容的准确性，但错误还是会发生。如果你在本书中发现了错误，请告知我们，我们将不胜感激。请访问链接 5，选择本书，点击勘误表提交表单链接，并输入详细信息。

著作权声明：如果你在互联网上发现我们作品的任何形式的非法复制品，我们将非常感谢你向我们提供地址或网站名称。请通过 copyright@packt.com 与我们联系，并提供材料的链接。

如果你有兴趣成为一名作家：如果你对某一主题有专长，并且有兴趣撰写或贡献一本书，请访问 authors. packtpub.com。

目　　录

第 1 篇　TensorFlow 生成图像的基本原理

第 2 篇 深度生成模型的应用

第 3 篇 高级深度生成技术

第1篇

TensorFlow 生成图像的基本原理

本篇介绍利用 TensorFlow 生成图像的基本原理，包括概率模型、自编码器和生成对抗网络（GAN）。学完后，您将对使用深度神经网络生成图像的原理有深刻的理解。

这一部分包括以下章节：

- 第 1 章　开始使用 TensorFlow 生成图像
- 第 2 章　变分自编码器
- 第 3 章　生成对抗网络

第 1 章　开始使用 TensorFlow 生成图像

本书重点介绍如何使用 TensorFlow 2 的无监督学习生成图像和视频。假设你具有使用现代机器学习框架（如 TensorFlow 1）构建**卷积神经网络（CNN）**图像分类器的经验，我们在此不讨论深度学习和 CNN 的基础知识。本书主要使用 TensorFlow 2 中容易掌握的高级 Keras API。尽管如此，你依然可能没有图像生成的先前知识，因此本书先详细介绍入门所需的所有知识，首先介绍**概率分布**。

概率分布是机器学习的基础，在生成模型中尤为重要，关于概率分布的讲解，本章没有使用复杂的数学方程。首先介绍什么是概率，以及如何在不使用任何神经网络或复杂算法的情况下使用概率生成人脸。

在基本数学和 NumPy 代码的帮助下，你将学习如何创建一个概率生成模型。接下来，学习如何使用 TensorFlow 2 构建 PixelCNN 模型，生成手写数字。本章包含很多有用的信息，你在学习其他章节之前，需要阅读完本章内容。

本章主要讲述以下主题：

- 理解概率。
- 用概率模型生成人脸。
- 从零开始构建 PixelCNN 模型。

1.1　技术要求

可以在链接 6 中找到本章相关代码。

1.2　理解概率

任何机器学习文献都无法回避概率（Probability）这个术语，它可能会令人困惑，因为它在不同的上下文中有不同的含义。概率在数学方程中经常表示为 p，常见于学术论文、教程和博客。我们将通过具体的实例来说明概率问题。本节介绍以下两种概率的用法：

- 概率分布。
- 概率置信度。

1.2.1 概率分布

假设使用一个包含 600 张狗的图像和 400 张猫的图像的数据集训练一个神经网络，对猫和狗的图像进行分类。如你所知，数据在输入神经网络之前需要进行“洗牌”。否则，如果它在一个小批量中只看到相同标签的图像，网络就会变得“懒惰”，认为所有的图像都有相同的标签，而不需要费时查找和区分它们。如果对数据集进行随机抽样，则概率可表示为：

$p_{\text{data}}(\text{dog})=0.6$

$p_{\text{data}}(\text{cat})=0.4$

这里的概率指**数据分布**。本例中，概率具体指数据集中猫和狗图像的数量与图像总数的比例，概率是静态的，对于给定的数据集不会改变。

当训练深度神经网络时，数据集往往太大，无法放入一个批次中，需要将其拆分为多个小批次处理。如果数据集被很好地打乱，那么小批量的**抽样分布**将类似于数据分布。如果数据集是不平衡的，有些类从一个标签获得的图像比另一个标签上的图像多很多，那么神经网络可能会偏向于预测它看到更多的图像，这是一种**过拟合**的形式。因此，我们可以以不同的方式对数据进行抽样，以便为数据较少的类赋予更大的权重。如要在抽样中平衡类别，则抽样概率如下所示：

$p_{\text{sample}}(\text{dog})=0.5$

$p_{\text{sample}}(\text{cat})=0.5$

概率分布 $p(x)$是数据点 x 出现的概率。机器学习中有两种常见的分布：**均匀分布**，是指每个数据点都有相同的发生概率，这就是人们通常所说的随机抽样而不指定分布类型；**高斯分布**，是另一种常用的分布，人们也称之为**正态分布**。其概率在中心（平均值）达到峰值，在每一边缓慢衰减。高斯分布具有很好的数学特性，这使它成为数学家的最爱。我们将在下一章中看到更多关于高斯分布的内容。

1.2.2 预测置信度

经过几百次迭代，模型完成了训练后，即可利用图像测试新的模型。模型输出以下概率：

p(dog)=0.6

p(cat)=0.4

稍做停顿思考一下，人工智能是不是在告诉我们这只动物是“混血儿”，有60%的狗基因和40%的猫基因？当然不是！

这里的概率不再是指分布；相反，它告诉我们，我们能对预测有多大的自信，或者换句话说，输出结果的可信程度。现在，这不再是通过计算事件来量化的东西。如果你绝对确定某物是狗，你可以让 p(dog)=1.0 和 p(cat)=0.0，这称为**贝叶斯概率**。

统计学方法认为概率是某一事件发生的可能性，例如，婴儿是某一性别的可能性。在更广泛的统计领域，关于频率分析法和贝叶斯方法的孰优孰劣一直存在着巨大的争论，这超出了本书范围。然而，贝叶斯方法在深度学习和工程中可能更重要。它已被用于开发许多重要的算法，包括跟踪火箭轨道的**卡尔曼滤波**。在计算火箭轨道的投影时，卡尔曼滤波使用来自**全球定位系统（GPS）**和速度传感器的信息。这两组数据都是有噪声的，但 GPS 数据最初的可靠性较低（也就是说置信度较低），因此该数据在计算中的权重较低。我们不需要在本书里学习贝叶斯定理，只需明白概率可以被视为一种信心分数而不是频率就足够了。贝叶斯概率最近也被用于深度神经网络的超参数搜索。

现在已经阐明了一般机器学习中常用的两种主要概率类型——分布和置信度。从现在开始，所讨论的概率是概率分布，而不是置信度。接下来，我们将研究在图像生成中起着非常重要作用的一种分布——**像素分布**。

1.2.3 像素的联合概率

看看图 1.1 所示的图片，你能分辨出它们是猫还是狗吗？你认为分类器将如何生成置信度分数？

p(dog) = ?
p(cat) = ?

图 1.1　猫和狗的照片

这些图片是狗还是猫？答案是显而易见的，但同时这对我们将要讨论的内容并不重要。当你看着这些图片时，你可能会在脑海中认为第一幅图片是一只猫，第二幅图片是一只狗。我们看到的是一个整体，但计算机看到的只是**像素**。

像素是数字图像中最小的空间单位，它代表一种颜色。一个像素不能一半是黑，另一半是白。最常用的颜色方案是 8 位 RGB，其中像素由三个通道组成，分别是 R（红色）、G（绿色）和 B（蓝色）。它们的值从 0 到 255（255 是最高强度）。例如，黑色像素的值为[0,0,0]，白色像素的值为[255,255,255]。

描述图像**像素分布**的最简单方法是计算从 0 到 255 具有不同强度级别的像素数量，然后通过绘制直方图来展示它。直方图是一种常见的工具，在数字摄影中通过看一个单独的 R、G 和 B 通道的直方图，可以了解颜色平衡。虽然这可以为我们提供一些信息——例如，一幅天空的图像可能有很多蓝色像素，直方图可以明确地告诉我们有关这方面的信息——但直方图并不能告诉我们像素之间的关系。换句话说，直方图不包含空间信息，即蓝色像素与另一个蓝色像素的距离，因此需要使用一种更好的方法来处理这个问题。

可以将 x 定义为 $x_1,x_2,x_3,\ldots,x_n$，而不是 $p(x)$，其中 x 是一个整体图像。现在，$p(x)$可以定义为像素 $p(x_1,x_2,x_3,\ldots,x_n)$的**联合概率**，其中 n 是像素的数量，像素间用逗号分隔。

我们用如图 1.2 所示的图片说明联合概率的含义。图中为三张具有 2×2 像素的图像，每个像素包含二进制值，其中 0 表示黑色，1 表示白色。左上像素称为

x_1，右上像素称为x_2，左下像素称为x_3，右下像素称为x_4。

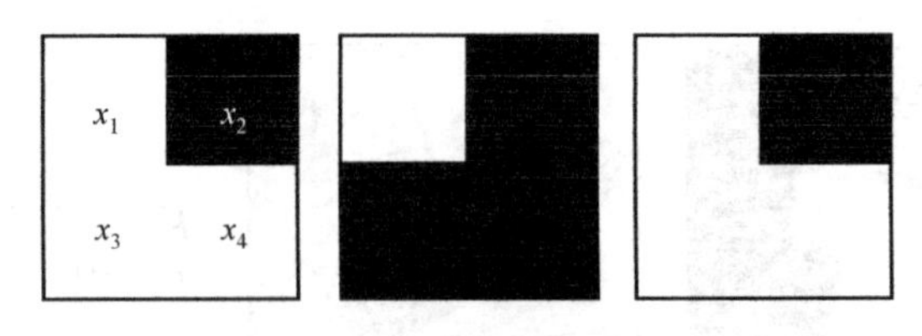

图 1.2 具有 2×2 像素的图像

首先计算 $p(x_1=\text{white})$，通过计算白色x_1的数量并除以图像的总数得到。然后，对x_2做同样的处理，如下所示：

$p(x_1=\text{white})=3/3$

$p(x_2=\text{white})=0/3$

$p(x_1)$和 $p(x_2)$是相互独立的，因为是分别对它们进行计算的。如果我们计算x_1和x_2都是黑色的联合概率，可以得到：

$p(x_1=\text{black}, x_2=\text{black})=0/3$

然后计算这两个像素的完全联合概率如下：

$p(x_1=\text{black}, x_2=\text{white})=0/3$

$p(x_1=\text{white}, x_2=\text{black})=3/3$

$p(x_1=\text{white}, x_2=\text{white})=0/3$

通过重复同样的步骤 16 次来计算 $p(x_1,x_2,x_3,x_4)$的完全联合概率。现在，可以完整地描述像素分布并利用它来计算边缘分布，如 $p(x_1,x_2,x_3)$或 $p(x_1)$。然而，对于 RGB 值，当每个像素有 256×256×256=16777216 种可能性时，联合分布所需的计算量呈指数增长，这就是深度神经网络发挥作用的地方。神经网络可以通过训练来学习像素数据分布P_{data}，因此，神经网络就是下面所说的概率模型P_{model}。

重要提示

本书中使用以下表示方法：大写 X 表示数据集，小写 x 表示从数据集中采样的图像，带下标的小写x_i表示像素。

图像生成的目的是生成一个像素分布 $p(x)$类似于 $p(X)$的图像。例如，橘子的图像数据集很有可能出现大量橘子像素，这些像素在一个圆圈中彼此靠近分布。因此，在生成图像之前，首先从真实数据$P_{\text{data}}(x)$中构建一个概率模型$P_{\text{model}}(X)$，然后通过从$P_{\text{model}}(x)$中绘制样本来生成图像。

1.3　用概率模型生成人脸

现在具有了足够的数学知识，可以亲自动手实践制作第一个图像了。本节中，学习在不使用神经网络的情况下如何通过从概率模型中采样来生成图像。

1.3.1　创建面孔

下面使用中国香港大学创建的大型 CelebFaces Attributes（CelebA）数据集（参见链接 7）。Python 的 tensorflow_datasets 模块可以在 Jupyter Notebook ch1_generate_first_image.ipynb 中直接下载，代码如下：

```
import tensorflow_datasets as tfds
import matplotlib.pyplot as plt
import numpy as np
ds_train,ds_info=tfds.load('celeb_a',split='test',
                            shuffle_files=False,
                            with_info=True)
fig=tfds.show_examples(ds_info,ds_train)
```

TensorFlow 数据集允许使用 tfds.show_examples() API 预览一些图像示例。图 1.3 是男女明星的面孔样本。

从图 1.3 中可以看出，每一张图片中都有一张名人的脸。每一张照片都是独一无二的，有不同的性别、姿势、表情和发型；有人戴眼镜，有人不戴。下面讨论如何利用图像的概率分布来创建一张新面孔。我们使用一种最简单的统计方法——均值，这意味着从图像中取像素的平均值。更具体地说，利用所有图像的 x_i 的平均值作为新图像的 x_i。为了加快处理速度，可以只使用来自数据集的 2000 个样本，代码如下：

```
sample_size=2000
ds_train=ds_train.batch(sample_size)
features=next(iter(ds_train.take(1)))
sample_images=features['image']
new_image=np.mean(sample_images,axis=0)
plt.imshow(new_image.astype(np.uint8))
```

图 1.3　CelebA 数据集的示例图像

代码运行后，生成如图 1.4 所示的均值人脸。这是本书的第一个生成图像，它看起来相当惊人，看起来有点像毕加索的一幅画。事实证明，这幅均值图像相当连贯。

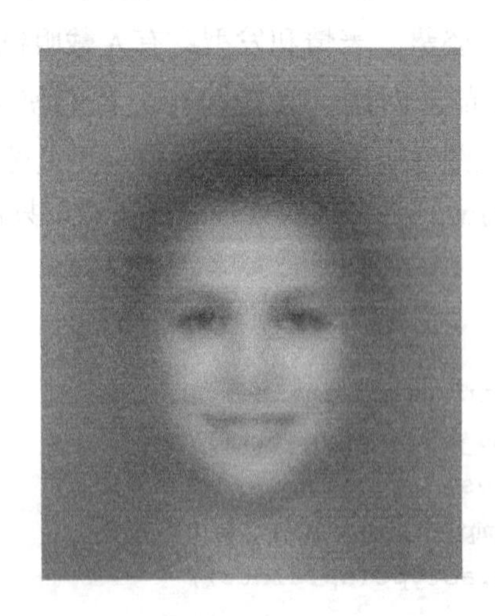

图 1.4　均值人脸

1.3.2　条件概率

CelebA 数据集最大的优点是每幅图像都有图 1.5 中示出的面部属性标签。

下面使用图 1.5 中的属性生成一幅新图像，假设塑造一个男性形象，该怎么做呢？可以只用 Male 属性设置为 true 的图像，而不是计算每幅图像的概率，可以写成 $p(x|y)$，称之为以 y 为条件的 x 的概率，或者称之为给定 y 的 x 的概率，这就是条件概率。示例中，y 是面部属性。当以男性属性为条件时，这个变量不再是随机概率；每个样本都具有男性特征，可以确定每个人脸都属于男性。图 1.6 显示了使用其他属性及男性生成的新均值人脸，例如："男性+眼镜"和"男性+眼镜+胡子+微笑"。注意，随着条件的增加，采样数减少，均值图像会变得更嘈杂。

5_o_Clock Shadow（早上刮脸后下午又新长出的胡须）	Blurry（模糊的）	Male（男性的）	Sideburns（连鬓胡子）
Arched_ Eyebrows（弓形眉毛）	Brown_ Hair（棕发）	Mouth_Slightly_Open（微张着嘴）	Smiling（微笑的）
Attractive（吸引人的）	Bushy_ Eyebrows（浓眉）	Mustache（胡子）	Straight_ Hair（直发）
Bags_ Under_ Eyes（有眼袋的）	Chubby（丰满的）	Narrow_ Eyes（眼睛细长）	Wavy_ Hair（卷发）
Bald（秃顶）	Double_Chin（双下巴）	No_Beard（没有胡子）	Wearing_ Earrings（戴耳环的）
Bangs（刘海）	Eyeglasses（眼镜）	Oval_ Face（鹅蛋脸）	Wearing_ Hat（戴帽子）
Big_ Lips（厚嘴唇）	Goatee（山羊胡子）	Pale_ Skin（苍白肌肤）	Wearing_ Lipstick（擦口红）
Big_ Nose（大鼻子）	Gray_ Hair（白发）	Pointy_ Nose（尖鼻子）	Wearing_Necklace（戴项链）
Black_Hair（黑发）	Heavy_ Makeup（浓妆）	Receding_Hairline（发际线后移）	Wearing_Necktie（打领带）
Blond_ Hair（金发）	High_Cheekbones（高颧骨）	Rosy_ Cheeks（红润的双颊）	Young（年轻的）

图 1.5　CelebA 数据集的 40 个属性的字母顺序

使用 Jupyter Notebook 通过不同的属性生成一张新面孔，并非每种组合都能产生令人满意的结果。图 1.7 所示是一些使用不同属性生成的女性面孔，最右边的图像很有趣。它使用了女性、微笑、眼镜、尖尖的鼻子等属性，但结果证明具有这些属性的人往往也有卷发，这是一个被忽视的特征，本样本中并没有它。可见，可视化是一个很有用的方法，可以让你深入分析数据集。

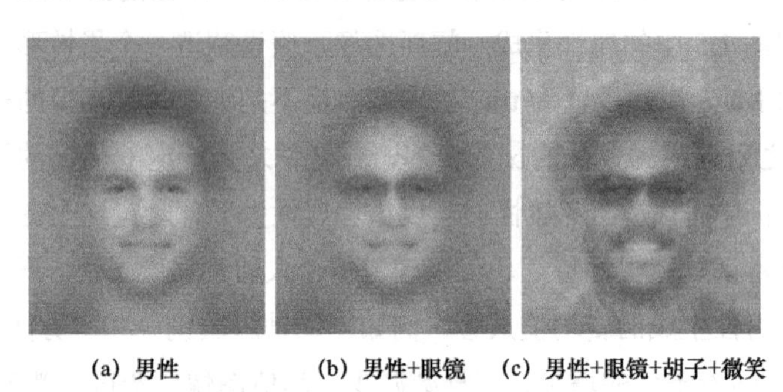

(a) 男性　(b) 男性+眼镜　(c) 男性+眼镜+胡子+微笑

图 1.6　添加其他属性生成的新均值人脸

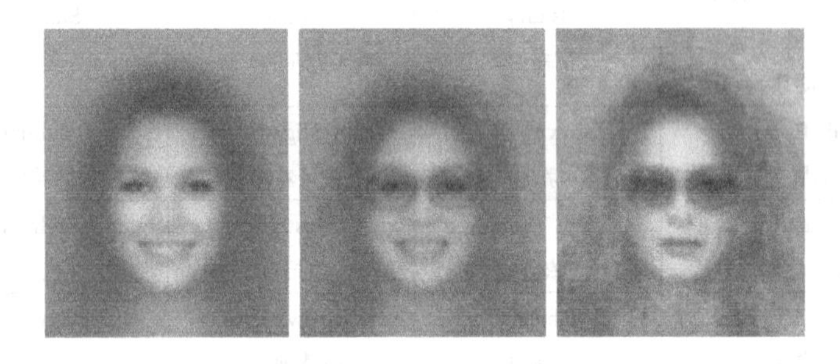

图 1.7　不同属性的女性面孔

在生成图像时，可以尝试使用中值，而不使用平均值，这样可能会生成更清晰的图像。用 np.median()替换 np.mean()即可。

1.3.3 概率生成模型

通过图像生成算法可以实现三个主要目标：

（1）生成与给定数据集中的图像相似的图像。

（2）生成各种图像。

（3）控制正在生成的图像。

通过简单地获取图像中像素的平均值，我们演示了如何实现目标（1）和目标

(3)。然而，这限制了在每个条件下只能生成一张图像。对于一个算法来说，从数百或数千张训练图像中只生成一张图像，确实不是很有效。

图 1.8 显示了数据集中任意像素的一个颜色通道的分布，图上的标记 x 是中值。当使用数据的均值或者中值时，总是对同一点进行采样，导致结果没有变化。有没有办法生成多个不同的人脸？答案是肯定的，可以尝试对整个像素分布进行采样来增加生成的图像变化。

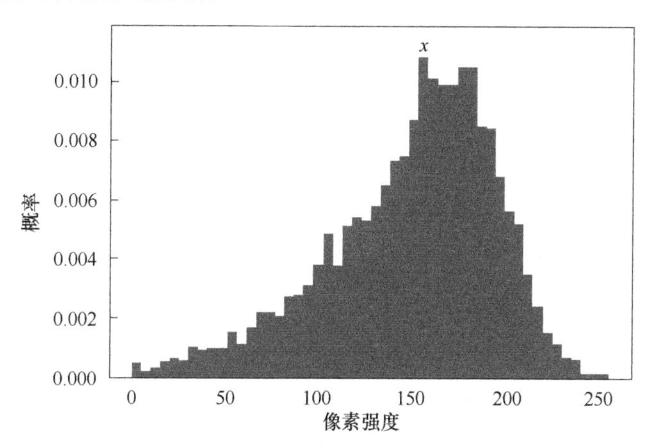

图 1.8 任意像素的一个颜色通道的分布

机器学习教科书可能会要求首先通过计算每个像素的联合概率来创建概率模型 pmodel，但是，由于样本空间很大（请记住，一个 RGB 像素可以有 16777216 个不同的值），实现它的计算代价很高。此外，因为这是一本实践书，我们将直接从数据集绘制像素样本。为了在新图像中创建一个 x_0 像素，我们通过运行以下代码从数据集中所有图像的 x_0 像素中随机采样。

```
new_image=np.zeros(sample_images.shape[1:],dtype=np.uint8)
for i in range(h):
    for j in range(w):
        rand_int=np.random.randint(0,sample_images.shape[0])
        new_image[i,j]=sample_images[rand_int,i,j]
```

图像采用随机采样生成，令人失望的是，虽然这些图像之间有一些差异，但它们彼此之间的差异并不大，我们的目标之一是能够生成各种面孔。此外，这些图像明显比使用平均值时的噪声更大，这是因为像素分布是相互独立的。

例如，对于嘴唇中的一个给定像素，可以合理地预期其颜色是粉色或红色，对于相邻像素也是如此。尽管如此，由于从人脸出现在不同位置和姿势的图像进行独立采样，导致像素之间的颜色不连续，含这种噪声的图像结果如图 1.9 所示。

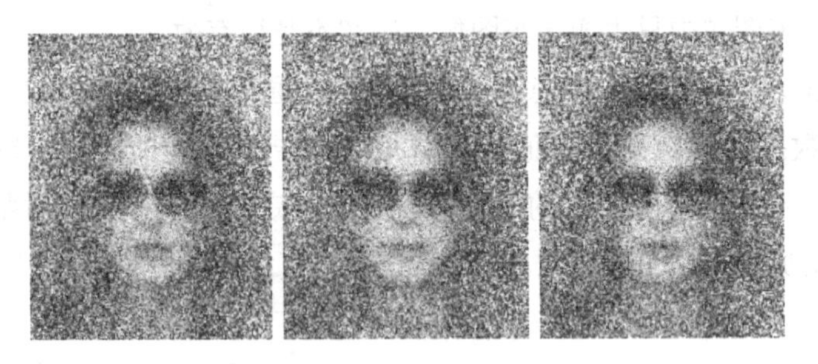

图 1.9　随机抽样生成的图像

你可能想知道为什么均值人脸看起来比随机抽样更平滑。首先，因为像素之间的均值距离较小。想象一下随机采样场景，其中一个采样像素接近 0，下一个接近 255。这些像素的均值很可能位于中间的某个地方，导致它们之间的差异会更小。其次，图像背景中的像素趋于均匀分布。例如，它们可以是蓝天、白墙、绿叶等的一部分。由于它们在色谱中的分布相当均匀，平均值在[127, 127, 127]左右，因此恰好是灰色。

1.3.4　参数化建模

以上使用像素直方图作为 pmodel 存在一些缺点。首先，由于样本空间大，样本分布中并非所有的颜色都存在。因此，生成的图像永远不会包含数据集中不存在的颜色。例如，希望能够生成全谱肤色，而不希望数据集中只存在一种非常特定的棕色。如果尝试使用给定条件生成人脸，则会发现并非所有条件的组合都是可能的。如对于给定条件为“胡子+鬓角+浓妆+卷发”，根本没有一个样本符合这些条件。其次，样本空间随着数据集大小或图像分辨率的增加而增加。这一问题可以通过使用参数化模型来解决，图 1.10 中的垂直条形图显示了随机生成的 1000 个数字的直方图。

可以看出图 1.10 中有些条形图没有任何价值。我们可以在数据上拟合一个高斯模型，其中**概率密度函数（PDF）**被绘制成一条黑线。高斯分布的 PDF 方程如下：

$$f(x)=\frac{1}{\sigma\sqrt{2\pi}}\mathrm{e}^{-\frac{1}{2}\left(\frac{x-\mu}{\sigma}\right)^2} \tag{1-1}$$

其中，μ 为均值，σ 为标准差。可见 PDF 覆盖了直方图间隙，这意味着可以生成缺失数字的概率。这个高斯模型只有两个参数——均值和标准方差。

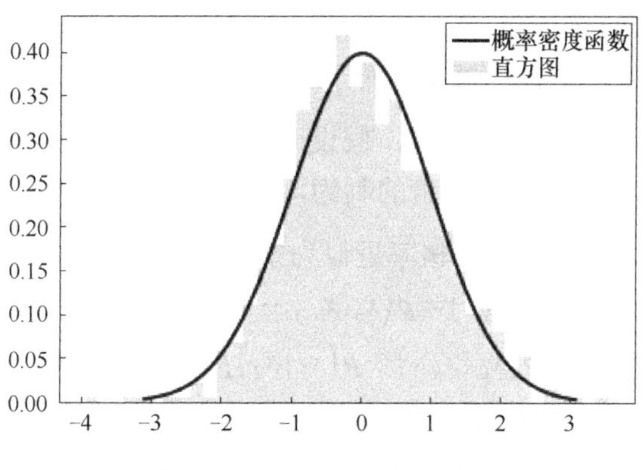

图 1.10　高斯直方图及其模型

这 1000 个数字现在可以压缩成两个参数，用高斯模型来绘制任意多的样本；不再局限于适合模型的数据。当然，自然图像是复杂的，不能用简单的模型（如高斯模型或其他数学模型）来描述，这就是神经网络发挥作用的地方。现在我们将使用神经网络作为参数化的图像生成模型，其中的参数是网络的权重和偏差。

1.4　从零开始构建 PixelCNN 模型

深度神经网络生成算法主要有三类：

- 生成对抗网络（GAN）。
- 变分自编码器（VAE）。
- 自回归模型。

VAE 知识将在第 2 章介绍，一些模型中会使用到 VAE。GAN 是本书中使用的主要算法，关于它的更多细节将在后面的章节中介绍。这里主要介绍鲜为人知的**自回归模型**家族，而 VAE 和 GAN 将在后面重点介绍。虽然自回归在图像生成中并不常见，但它仍然是一个活跃的研究领域，如 DeepMind 公司的语音合成算法 WaveNet 使用它来生成逼真的音频。本节介绍自回归模型并构建一个 **PixelCNN** 模型。

1.4.1 自回归模型

自回归模型（Autoregressive Model），Auto 在这里是 self 的意思，而 regression 在机器学习术语中是 predict new values 的意思。将它们放在一起，意味着使用一个模型，通过过去的数据点来预测新的数据点。

让我们回忆一下，图像的概率分布 $p(x)$是联合像素概率 $p(x_1,x_2,x_3,\cdots,x_n)$，这是由于高维性而难以建模的。这里，假设一个像素的值只取决于它前面的像素的值。换言之，像素仅受其前面像素的制约，即 $p(x_i)=p(x_i \mid x_{i-1})p(x_{i-1})$。在不深入数学细节的情况下，可以将联合概率近似为条件概率的乘积：

$$p(x)=p(x_n,x_{n-1},\cdots,x_2,x_1)$$

$$p(x)=p(x_n \mid x_{n-1})\cdots p(x_3 \mid x_2)p(x_2 \mid x_1)p(x_1)$$

举个具体的例子，假设图像中只有一个红苹果位于图像的中心，而这个苹果被绿叶包围着。换句话说，只有两种颜色是可能存在的：红色和绿色。x_1 是左上角像素，$p(x_1)$是左上角像素是绿色还是红色的概率。如果 x_1 是绿色的，那么它右边概率为 $p(x_2)$的像素也可能是绿色的，因为它可能有更多的叶子。然而，它可能是红色的，尽管可能性更小。按照该方法一直继续下去，我们最终会到达一个红色像素（万岁！我们找到红色苹果了！），从这个像素开始，接下来的几个像素也很可能是红色的。现在可以看到，这比把所有像素放在一起考虑要简单得多。

1.4.2 PixelRNN

PixelRNN 是由谷歌收购的 DeepMind 公司在 2016 年发明的。正如其名称 **RNN**（**递归神经网络**）所暗示的那样，该模型使用一种称为**长短期记忆**（**LSTM**）的 RNN 来学习图像的分布。PixelRNN 作为 LSTM 的一个步骤，每次读取一行图像，并使用 1D 卷积层对其进行处理，然后将激活层的结果输入后续层，以预测该行的像素。

由于 LSTM 的运行速度较慢，训练和生成样本的时间较长，现已过时，而且它从诞生以来没有太多的改进。因此，不会在它上面停留太久，我们的关注点将转移到在同一篇论文中公布的变体 PixelCNN 上。

1.4.3 使用 TensorFlow 2 构建 PixelCNN 模型

PixelCNN 仅由卷积层组成，使其比 PixelRNN 快很多。这里为 MNIST

（Mixed National Institute of Standards and Technology database）搭建一个简单的 PixelCNN 模型，代码可以在 ch1_pixelcnn.ipynb 中找到。

1. 输入和标签

图 1.11 所示为 MNIST 数字例子。MNIST 由 28×28×1 灰度的手写数字图像组成。它只有一个通道，有 256 个层次来描绘灰色的阴影。

图 1.11　MNIST 数字例子

在这个实验中，将图像转换为只有两个可能值的二进制格式来简化这个问题，0 代表黑色，1 代表白色。代码如下：

```
def binarize(image,label):
    image=tf.cast(image,tf.float32)
    image=tf.math.round(image/255.)
    return image,tf.cast(image,tf.int32)
```

这个函数需要两个输入——图像和标签。函数的前两行将图像转换为二进制 float32 格式，即 0.0 或 1.0。本书不使用标签信息；相反，将二进制图像转换为整数并返回它，不需要将它强制转换为整数，只需遵守使用整数作为标签的约定即可。综上所述，输入和标签都是 28×28×1 的二进制 MNIST 图像，它们仅在数据类型上不同。

2. 掩码

与逐行读取的 PixelRNN 不同，PixelCNN 将卷积核从左到右、从上到下在图像上滑动。在进行卷积预测当前像素时，传统卷积核能够看到当前输入像素及其周围像素，包括未来像素，这打破了条件概率假设。

为了避免这种情况，需要确保 CNN 不会欺骗用户去查看它所预测的像素。换句话说，需要保证 CNN 在预测输出像素 x_i 时看不到输入像素 x_i 。这是使用掩码卷积实现的，在卷积之前，掩码被应用到卷积核权重。图 1.12 显示了一个 5×5 内核的掩码，其中从中心向前的权重为 0，这会阻止 CNN 看到它正在预测的像素（内核的中心）和所有未来的像素，这被称为 **A 型掩码**，仅应用于输入层。由于中心像素在第一层被阻挡，不需要在后面的层中隐藏中心特征。事实上，需要将内核中心设置为 1，以使它能够读取前几层的特性，这被称为 **B 型掩码**。

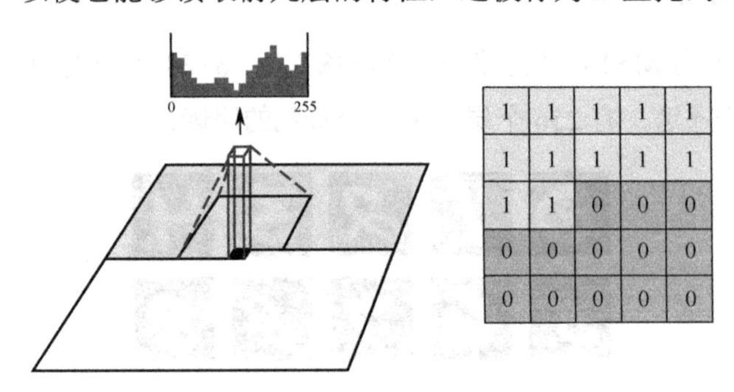

图 1.12　A 型 5×5 内核掩码

（来源：Aäron van den Oord et al., 2016, Conditional Image Generation with PixelCNN Decoders, https://arxiv.org/abs/1606.05328）

接下来，将学习如何创建一个自定义层。

3. 实现自定义层

现在为蒙版卷积创建一个自定义层，可以使用从基类 tf.keras.layers.layer 继承的模型子类在 TensorFlow 中创建一个自定义层，代码如下所示。可以像其他 Keras 层一样使用它，以下代码是自定义图层类的基本框架。

```
class MaskedConv2D(tf.keras.layers.Layer):
    def__init__(self):
        ...
    def build(self,input_shape):
        ...
    def call(self,inputs):
        ...
    return output
```

build()将输入张量的形状作为参数，使用此信息创建正确形状的变量。在构建层时，此函数仅运行一次。可以通过将其声明为不可训练变量或常量来创建掩码，让 TensorFlow 知道它不需要梯度来反向传播：

```
def build(self,input_shape):
    self.w = self.add_weight(shape=[self.kernel,
                                    self.kernel,
```

```
                          input_shape[-1],
                          self.filters],
                        initializer='glorot_normal',
                        trainable=True)
        self.b = self.add_weight(shape=(self.filters,),
                          initializer='zeros',
                          trainable=True)
        mask = np.ones(self.kernel**2,dtype=np.float32)
        center = len(mask)//2
        mask[center+1:] = 0
        if self.mask_type == 'A':
            mask[center] = 0
        mask = mask.reshape((self.kernel,self.kernel,1,1))
        self.mask=tf.constant(mask,dtype='float32')
```

call()是执行计算的前向传递。在这个蒙版卷积层中，使用低阶 tf.nn API 执行卷积之前，将权值乘以蒙版使下半部分为零：

```
    def call(self, inputs):
        masked_w = tf.math.multiply(self.w, self.mask)
        output = tf.nn.conv2d(inputs, masked_w, 1, "SAME") +
                self.b
        return output
```

tf.keras.layers 是一个易于使用的高级 API，不需要了解底层细节。但是，有时我们需要使用低级的 tf.nn API 创建自定义函数，这要求我们首先指定或创建要使用的张量。

4. 网络层

PixelCNN 架构非常简单。在带有掩码 A 的第一个 7×7 conv2d 层之后，有几层带有掩码 B 的残差块。为了保持 28×28 的相同特征图大小，不做下采样。例如，将这些层中的最大池化和填充设置为相同的。在产生输出之前，顶部特征被送入两层 1×1 卷积层中，如图 1.13 的屏幕截图所示。

模型："PixelCNN"

网络层（类型）	输出形状	参数 #
input_1 (InputLayer)	[(None, 28, 28, 1)]	0
masked_conv2d (MaskedConv2D)	(None, 28, 28, 128)	6400
residual_block (ResidualBlock)	(None, 28, 28, 128)	53504
residual_block_1 (ResidualBl…	(None, 28, 28, 128)	53504
residual_block_2 (ResidualBl…	(None, 28, 28, 128)	53504
residual_block_3 (ResidualBl…	(None, 28, 28, 128)	53504
residual_block_4 (ResidualBl…	(None, 28, 28, 128)	53504
residual_block_5 (ResidualBl…	(None, 28, 28, 128)	53504
residual_block_6 (ResidualBl…	(None, 28, 28, 128)	53504
conv2d (Conv2D)	(None, 28, 28, 64)	8256
conv2d_1 (Conv2D)	(None, 28, 28, 1)	65

图 1.13　PixelCNN 架构（显示图层和输出形状）

残差块用于许多基于 CNN 的高性能模型，HeKaiming 等人设计的 ResNet 在 2015 年使残差块得到普及。图 1.14 说明了 PixelCNN 中使用的残差块的变体，左侧路径称为**跳跃连接**，它只传递上一层的要素。右边的路径上有三个顺序卷积层，带有 1×1、3×3 和 1×1 的滤波器，此路径优化输入特征的残差，因此命名为**残差网络**。

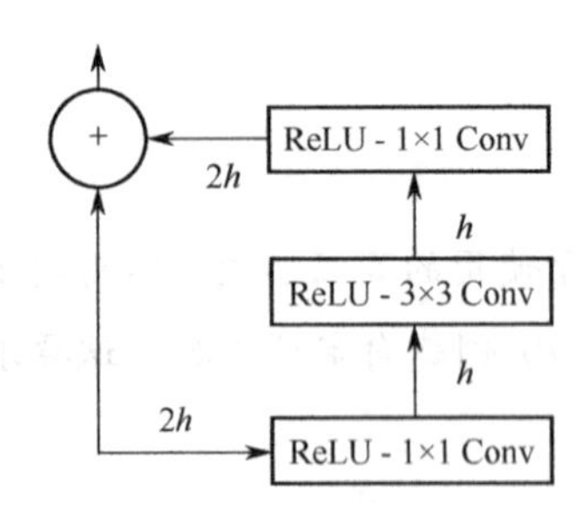

图 1.14　残差块（*h* 是滤波器的数量）

（来源：Aäron van den Oord et al., Pixel Recurrent Neural Networks）

5. 交叉熵损失

交叉熵损失，也称为**对数损失**，用于衡量模型的性能，其中输出的概率介于 0 和 1 之间。下面是二元交叉熵损失方程，只有两类，标签 y 可以是 0 或 1，$p(x)$

是模型的预测。方程式如下：

$$\mathrm{BCE}=-\frac{1}{N}\sum_{i=1}^{N}\left(y_i\log p(x)+(1-y_i)\log\left(1-p(x)\right)\right) \tag{1-2}$$

举例说明，当标签为 1 时，第二项是 0，第一项是 log$p(x)$的和。方程式中的对数为 log($\log_e$)，根据惯例，方程式中省略了 e 的基数。如果模型确信 x 属于标签 1，则 log(1)为 0。另一方面，如果模型错误地将其猜测为标签 0，并预测 x 成为标签 1 的概率很低，那么 $p(x)$=0.1。然后−log($p(x)$)的损失就会更高，为 2.3。因此，最小化交叉熵损失将使模型的精度最大化。这种损失函数通常用于分类模型，但在生成模型中也很流行。

在 PixelCNN 中，单个图像像素用作标签。二值化 MNIST 中想要预测输出像素是 0 还是 1，这使其成为一个以交叉熵作为损失函数的分类问题。

可以有两种输出类型：

- 由于二值化图像中只能有 0 或 1，可以通过使用 sigmoid()来预测白色像素的概率来简化网络，即 $p(x_i=1)$。损失函数是二元交叉熵，这就是将在 PixelCNN 模型中使用的内容。
- 还可以将网络推广到接收灰度图像或 RGB 图像。使用 softmax()激活函数为每个（子）像素生成 N 个概率。对于二值化图像，N 为 2；对于灰度图像，N 为 256；对于 RGB 图像，N 为 3×256。如果标签是 one-hot 编码标签，则损失函数为稀疏分类交叉熵或分类交叉熵。

最后，准备编译和训练神经网络。如下面的代码所示，对 loss 和 metrics 使用二元交叉熵，并使用 RMSprop 作为优化器。有许多不同的优化器可供使用，它们的主要区别在于如何根据过去的统计数据调整单个变量的学习率。一些优化器会加速训练，但可能会过冲，无法达到全局最小值。没有一个最佳的优化器可以在所有情况下使用，我们鼓励读者尝试不同的优化器。

经常看到的两个优化器是 **Adam** 和 **RMSprop**。Adam 优化器因其快速学习而成为图像生成中的热门选择，而 RMSprop 则经常被谷歌用于生成最先进的模型。以下内容用于编译和拟合 PixelCNN 模型：

```
pixelcnn = SimplePixelCnn()
pixelcnn.compile(
    loss = tf.keras.losses.BinaryCrossentropy(),
    optimizer=tf.keras.optimizers.RMSprop(learning_rate=0.001),
```

```
    metrics=[tf.keras.metrics.BinaryCrossentropy()])
pixelcnn.fit(ds_train,epochs=10,validation_data=ds_test)
```

接下来，将由前面的模型生成一个新的图像。

6. 样本图像

训练后，可以通过以下步骤使用模型生成新图像：

（1）创建一个与输入图像形状相同的空张量，并用零填充它，把这个张量输入网络，得到 $p(x_1)$——第一个像素的概率。

（2）从 $p(x_1)$ 中采样，并将采样值指定给输入张量中的像素 x_1。

（3）再次将输入馈送至网络，并对下一个像素执行步骤（2）。

（4）重复步骤（2）和步骤（3），直到生成 x_N。

自回归模型的一个主要缺点是速度慢，因为需要逐像素地生成，无法并行化。图 1.15 所示的图像是简单 PixelCNN 模型经过 50 个时期的训练后生成的。它们看起来还不太像正确的数字，但它们开始形成手写笔画的形状。现在可以通过零输入张量生成新的图像，这非常令人惊讶。通过对模型进行更长时间的训练并进行一些超参数调整，可以生成更好的数字吗？

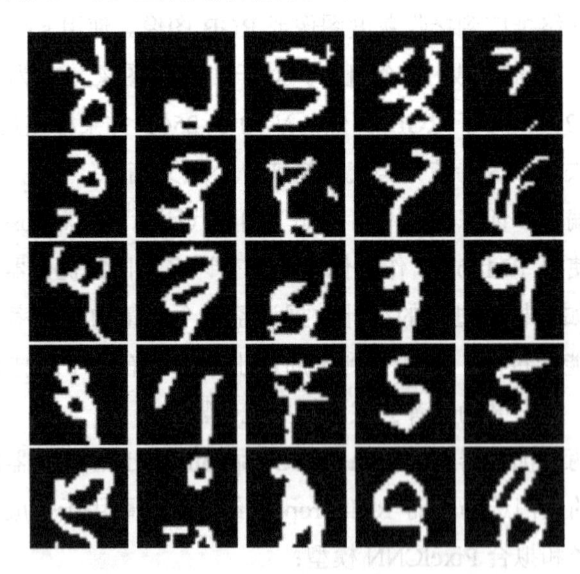

图 1.15　PixelCNN 模型生成的一些图像

讲到这里，已到了这一章的结尾！

1.5 本章小结

本章介绍了很多概念性的内容，从理解像素的概率分布到用它来建立一个概率模型并生成图像；学习了如何使用 TensorFlow 2 构建自定义层，并使用它们构建自回归 PixelCNN 模型以生成手写数字的图像。

第 2 章将学习如何使用 VAE 生成图像，并从一个全新的角度来看待像素；利用训练神经网络来学习面部属性，然后进行面部编辑，比如把一个看起来悲伤的女孩变成一个有胡子且面带微笑的男人。

第 2 章　变分自编码器

第 1 章讨论了计算机如何将图像视为像素，并设计用于图像生成的像素分布概率模型，但这不是生成图像的最有效方法。有效的方法不是逐像素扫描图像，而是先看图像，试图了解图像所包含的内容。例如，一位戴着帽子的女孩坐着并面带微笑，然后我们用这些信息来画女孩肖像，自编码器就是这样工作的。

本章中首先介绍如何使用自编码器将像素编码为潜在变量，从这些潜在变量中取样可生成图像；然后介绍如何调整它以创建一个更强大的模型，称为变分自编码器（Variational Autoencoder，VAE）；最后训练变分自编码器生成人脸并进行面部编辑。本章将涵盖以下主题：

- 用自编码器学习潜在变量。
- 变分自编码器。
- 用变分自编码器生成人脸。
- 控制面部属性。

2.1　技术要求

Jupyter Notebook 代码可以在链接 8 中找到。

本章用到的文件如下：

- ch2_autoencoder.ipynb
- ch2_vae_mnist.ipynb
- ch2_vae_faces.ipynb

2.2　用自编码器学习潜在变量

自编码器是杰弗里·辛顿（Geoffrey Hinton）等人于 20 世纪 80 年代发明的，

同时他也是现代深度学习的创始人之一。假设在高维输入空间中存在许多可以压缩成一些低维变量的冗余，如主成分分析（Principal Component Analysis，PCA）等传统的机器学习技术可用于降维；但在图像生成中，需要将低维空间还原成高维空间。尽管做这件事的方法与众不同，但可以将它比作图像压缩，原始图像被压缩成 JPEG 之类的文件格式，它具有体积小、易于存储和传输的特点；然后计算机可以将 JPEG 恢复为我们能看到和操作的像素。换句话说，原始像素以低维 JPEG 格式存储，以高维原始像素显示。

自编码器是一种无监督的机器学习技术，不需要标签来训练模型。然而，有些人称之为自监督（Self-supervised）机器学习（auto 在拉丁语中是 self 的意思），因为我们确实需要使用标签，而这些标签不是带注释的标签，而是图像本身。

自编码器的基本构造模块是**编码器**（encoder）和**解码器**（decoder）。编码器负责将高维输入减少为一些低维潜在变量；解码器则将潜在变量转换回高维空间的块。这种编码器-解码器体系结构也用于其他机器学习任务，如**语义分割**（Semantic Segmentation），其中神经网络首先学习图像表示，然后生成像素级标签。通用自编码器的体系结构如图 2.1 所示。

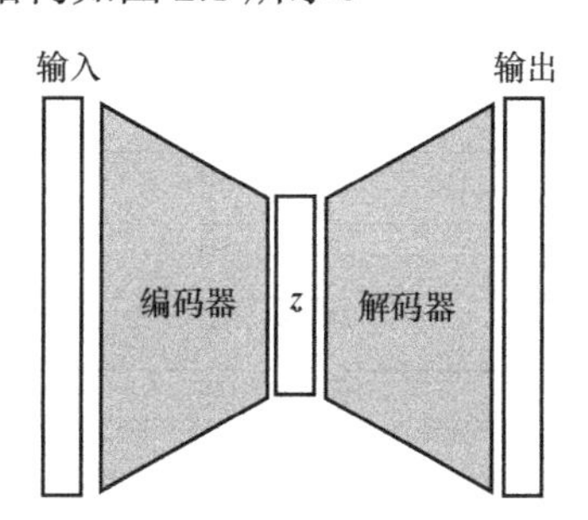

图 2.1　通用自编码器体系结构

在前面的图像中，**输入**和**输出**都是相同维数的图像，z 为低维潜向量。**编码器**将输入压缩到 z，解码器将这个过程反过来生成输出图像。

学习了总体架构之后，让我们看看编码器是如何工作的。

2.2.1　编码器

编码器由多个神经网络层组成，这可以用全连接层（dense 层）来很好地说明。现在，直接为 MNIST 数据集构建一个编码器，其维度为 28×28×1。需要设置潜在变量的维数，这是一维向量。遵循前面的约定，将潜在变量命名为 z，如下面的代码所示，该代码可以在 ch2_autoencoder.ipynb 中找到：

```
def Encoder(z_dim):
    inputs = layers.Input(shape=[28,28,1])
    x = inputs
    x = Flatten()(x)
    x = Dense(128, activation='relu')(x)
    x = Dense(64, activation='relu')(x)
    x = Dense(32, activation='relu')(x)
    z = Dense(z_dim, activation='relu')(x)
    return Model(inputs=inputs, outputs=z, name='encoder')
```

潜在变量是一个超参数，其大小应小于输入维度，首先尝试使用 10，它将提供 28×28/10=78.4 的压缩率。然后，使用三个全连接层，其神经元数量逐渐减少（128、64、32，最后是 10，这是 z 维）。在图 2.2 的模型摘要中可看出，网络输出的特征尺寸从 784 逐渐压缩到 10。

模型：编码器

网络层（类型）	输出形状	参数量
input_1 (InputLayer)	[(None, 28, 28, 1)]	0
flatten (Flatten)	(None, 784)	0
dense (Dense)	(None, 128)	100480
dense_1 (Dense)	(None, 64)	8256
dense_2 (Dense)	(None, 32)	2080
dense_3 (Dense)	(None, 10)	330

总参数：111146
可训练参数数量：111146
不可训练参数数量：0

图 2.2 编码器的模型摘要

编码器这种网络拓扑结构使模型逐层地学习重要特征，丢弃非重要的特征，最终归结为 10 个最重要的特征。如果仔细思考，这看起来与 CNN 分类非常相似，特征映射的大小随着它遍历到顶层而逐渐减小。**特征映射（Feature Map）**是指张量的前两个维度（高度、宽度）。

由于 CNN 更高效，更适合图像输入，我们将使用**卷积层（Convolutional Layer）**构建编码器。旧的 CNN（如 VGG）使用最大池进行特征映射下采样，但较新的网络倾向于通过在卷积层中使用 2 的步长来实现这一点。图 2.3 展示了卷积核以步长为 2 滑动来生成一个只有输入一半大小的特征映射。

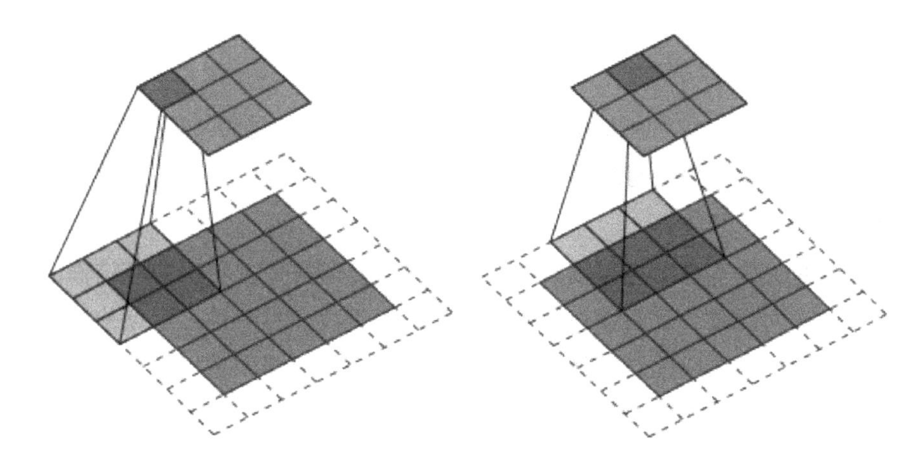

图 2.3　在输入步长为 2 时的卷积运算

（来源：Vincent Dumoulin, Francesco Visin, "A guide to convolution arithmetic for deep learning" https://www.arxiv-vanity.com/papers/1603.07285/）

本例中使用带有 8 个滤波器的 4 个卷积层，并包括 1 个用于下采样且为 2 的输入步长，如下所示：

```
def Encoder(z_dim):
    inputs = layers.Input(shape=[28,28,1])
    x = inputs
    x = Conv2D(filters=8,kernel_size=(3,3),strides=2,
               padding='same',activation='relu')(x)
    x = Conv2D(filters=8,kernel_size=(3,3),strides=1,
               padding='same',activation='relu')(x)
    x = Conv2D(filters=8,kernel_size=(3,3),strides=2,
               padding='same',activation='relu')(x)
    x = Conv2D(filters=8,kernel_size=(3,3),strides=1,
               padding='same',activation='relu')(x)
    x = Flatten()(x)
    out = Dense(z_dim,activation='relu')(x)
    return Model(inputs=inputs,outputs=out,name='encoder')
```

在典型 CNN 架构中，滤波器的数量增加，而特征映射尺寸变小。然而，我们的目标是减少维数，因此需要将滤波器大小保持不变。对于简单的数据（如 MNIST），这已经足够了，而且随着向潜在变量移动，改变滤波器的大小也是可行的；然后，将最后一个卷积层的输出展平，并将其输入全连接层，最终输出潜在变量。

2.2.2 解码器

如果解码器是人类，他们可能会觉得受到“不公平待遇”，这是因为解码器尽管完成了一半工作，但只有编码器在名称中占有一席之地，因此它应该被称为自编解码器！

解码器的工作本质上与编码器相反，即将低维潜在变量转换为高维输出，使其看起来像输入图像。解码器与编码器中的层不需要保持对称，可以使用完全不同的层，例如，仅在编码器中使用全连接层，仅在解码器中使用卷积层。无论编码器使用哪种形式，我们都将在解码器中使用卷积层，将特征映射从 7×7 增加到 28×28。下面的代码片段显示了解码器的构造：

```
def Decoder(z_dim):
    inputs = layers.Input(shape=[z_dim])
    x = inputs
    x = Dense(7*7*64, activation='relu')(x)
    x = Reshape((7,7,64))(x)
    x = Conv2D(filters=64, kernel_size=(3,3), strides=1,
               padding='same', activation='relu')(x)
    x = UpSampling2D((2,2))(x)
    x = Conv2D(filters=32, kernel_size=(3,3), strides=1,
               padding='same', activation='relu')(x)
    x = UpSampling2D((2,2))(x)
    x = Conv2D(filters=32, kernel_size=(3,3), strides=2,
               padding='same', activation='relu')(x)
    out = Conv2(filters=1, kernel_size=(3,3), strides=1,
               padding='same', activation='sigmoid')(x)
    return Model(inputs=inputs, outputs=out, name='decoder')
```

第一层是全连接层，它接收潜在变量并产生一个张量，其大小为第一卷积层的[7×7×滤波器数量]。与编码器不同，解码器的目标不是降维，因此我们可以而且应该使用更多的滤波器来赋予它更强的生成能力。

UpSampling2D 通过插值像素来提高分辨率，它是一个仿射变换（线性乘法和加法），可以反向传播（**Backpropagate**），但它使用的是固定权重，无法进行训练。另一种流行的上采样方法是使用**转置卷积层**（**Transpose Convolutional layer**），这是可训练的，但它会在生成的图像中产生棋盘效应。关于这些更多的信息可以访问链接 9。

对于低维图像或在放大图像时，棋盘效应更为明显。通过使用偶数卷积核大小（例如，是 4 而不是更为流行的 3），可以减小这种影响。因此，最近的图像生成模型倾向于不使用转置卷积，本书的其余部分主要使用 UpSampling2D。解码器的模型摘要如图 2.4 所示。

模型：解码器

网络层（类型）	输出形状	参数量
input_1 (InputLayer)	[(None, 10)]	0
dense (Dense)	(None, 3136)	34496
reshape (Reshape)	(None, 7, 7, 64)	0
conv2d (Conv2D)	(None, 7, 7, 64)	36928
up_sampling2d (UpSampling2D)	(None, 14, 14, 64)	0
conv2d_1 (Conv2D)	(None, 14, 14, 32)	18464
up_sampling2d_1 (UpSampling2	(None, 28, 28, 32)	0
conv2d_2 (Conv2D)	(None, 28, 28, 1)	289

总参数：90177
可训练参数量：90177
不可训练参数量：0

图 2.4 解码器的模型摘要

提示

在设计 CNN 时，了解如何计算卷积层的输出张量形状非常重要。如果使用 padding='same'，输出特征映射将具有与输入特征映射相同的大小（高度和宽度）；如果使用 padding='valid'，则输出大小可能会稍微小一些，这取决于滤波器内核维度。当输入 stride=2 与相同的填充一起使用时，特征映射的大小减半。最后，输出张量的通道数与卷积滤波器数相同。例如，输入张量的形状是(28, 28, 1)，然后通过 conv2d(filters=32, strides=2, padding='same')，就可以知道输出的形状是(14, 14, 32)。

2.2.3 构建自编码器

现在把编码器和解码器放在一起，创建一个自编码器。首先，分别实例化编码器和解码器。然后，将编码器的输出作为解码器的输入，并使用编码器的输入和解码器的输出实例化一个模型，如下所示：

```
z_dim = 10
encoder = Encoder(z_dim)
decoder = Decoder(z_dim)
model_input = encoder.input
model_output = decoder(encoder.output)
autoencoder = Model(model_input, model_output)
```

构建深度神经网络看起来可能过于复杂，实施时可以把它分解成更小的模块，然后把它们放在一起，整个任务会变得更容易管理！训练时，利用**均方误差（Mean Squared Error，MSE）**来比较输出和预期结果之间的每个像素求得 L2 损失。本例中，添加了一些回调函数，它们在训练集每完成一轮训练后被调用，如下所示：

- 如果验证损失低于早期阶段，则 ModelCheckpoint (monitor='val_loss')用于保存模型。
- 如果验证损失在 10 个周期内没有得到改善，则由 EarlyStopping (monitor='val_ loss'，patience = 10)提前停止训练。

生成的数字图像如图 2.5 所示，第一行是输入图像，第二行是由我们的自编码器生成的。可以看到生成的图像有点模糊，这可能是因为对它压缩得太多，在压缩过程中丢失了一些数据信息。为了证实我们的猜测，将潜在变量维数从 10 增加到 100，并生成输出，结果如图 2.6 所示。

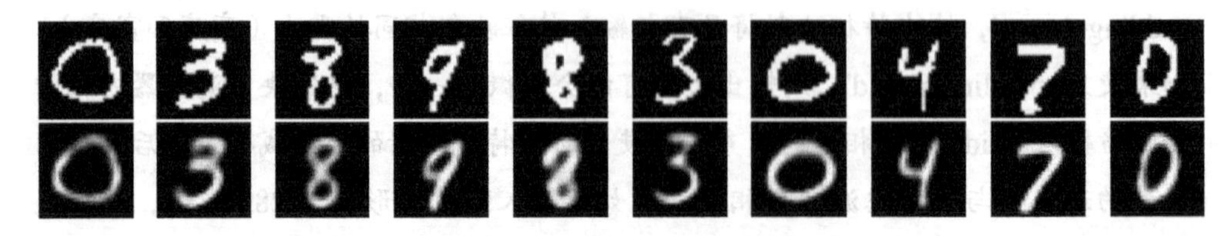

图 2.5 自编码器生成的数字图像

与图 2.5 相比，图 2.6 中生成的图像看起来清晰多了！

图 2.6　z_dim=100 的自编码器生成的图像

2.2.4　从潜在变量生成图像

那么，如何使用自编码器呢？使用人工智能模型将图像转换成模糊版本并不很有用。自编码器的第一个应用是图像去噪，在输入图像中添加一些噪声，并训练模型生成干净的图像。然而，我们更感兴趣的是使用它来生成图像。那么，我们来尝试一下看看能怎么做。

现在已经有了一个经过训练的自编码器，可以直接忽略编码器，只使用解码器从潜在变量中采样以生成图像（看到了吗？解码器应得到更多的认可，因为它在完成训练后仍需继续工作）。现在面临的第一个挑战是如何从潜在变量中取样。因为我们没有在潜在变量之前的最后一层使用任何激活函数，所以潜在空间是无界的，可以是任何实浮点数，并且有数百个！为了说明这是如何工作的，我们将使用 z_dim=2 训练另一个自编码器，以便更好地在二维中探索潜在空间。图 2.7 显示了潜在空间的分布图，Jupyter Notebook 中提供该图的彩色版本。

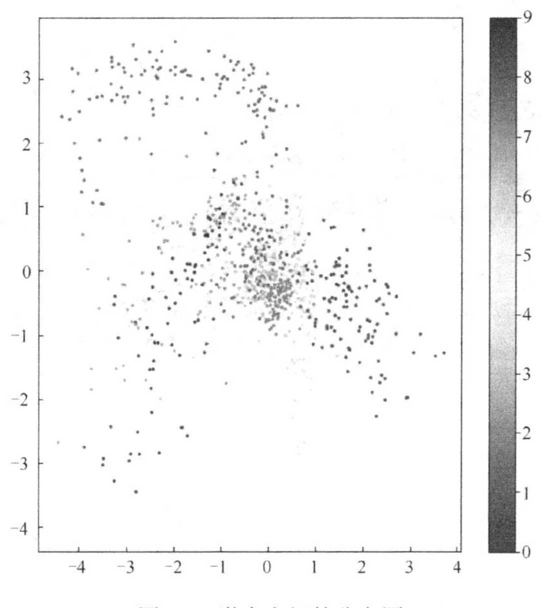

图 2.7　潜在空间的分布图

图 2.7 是通过将 1000 个样本传递到完成训练的编码器中，并在散点图上绘制两个潜在变量而生成的。右侧的彩色条表示数字标签的强度。可以从图中观察到以下情况：

- 潜在变量大致在−5 到+4 之间。无法知道确切的范围，除非画出这张图并观察它。当再次训练模型时，这种情况可能会发生改变，而且通常情况下，样本的分布范围会更广，超过±10。
- 这些类的分布并不均匀。可以在左上角和左下角看到与其他类完全分离的集群（请参阅 Jupyter Notebook 中的彩色版本）。然而，位于分布图中心的类往往更加密集，并且彼此重叠。

在图 2.8 中可以更好地观察不均匀性，这些图像是以 1.0 的间隔将潜在变量从−5 扫到+5 生成的。

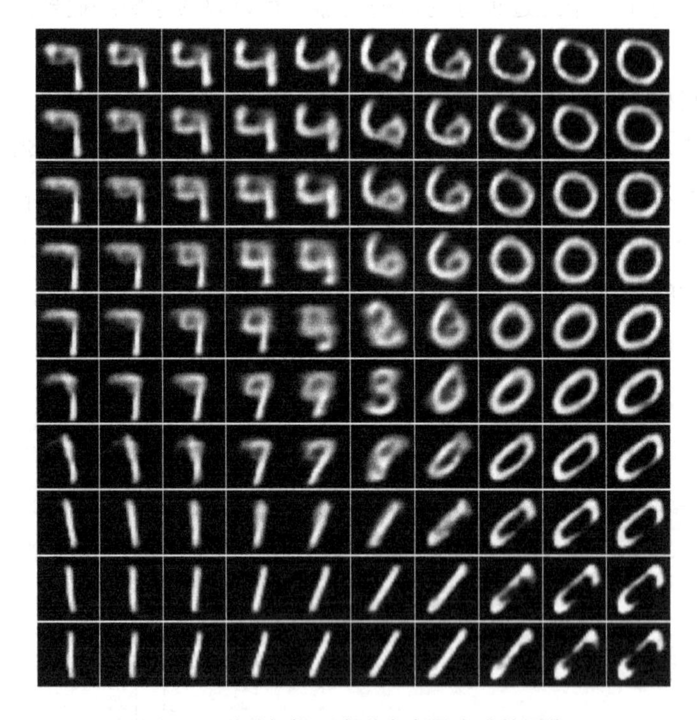

图 2.8 通过扫描两个潜在变量生成的图像

如图 2.8 所示，数字 0 和 1 在样本分布中得到了很好的表示，它们也得到了很好的绘制；但中间的数字却不是这样的，它们显得很模糊，有些数字甚至从样本中丢失。可以看到，后者存在一个缺点，即为这些类生成的图像几乎没有变化。这也不全是坏事。如果仔细观察，可以看到数字 1 是如何变成 7，然后变成 9 和 4

的，这很有趣！看起来自编码器已经知道了潜在变量之间的一些关系。这可能是因为具有圆形外观的数字被映射到右上角的潜在空间中，而看起来更像棍子的数字位于左侧。这也许是个好消息！

趣闻

Jupyter Notebook 上有一个小控件，可以让你滑动潜在变量条，以交互方式生成图像。祝你玩得开心！

在下一节中，将看到如何使用变分自编码器来解决潜在空间的分布问题。

2.3　变分自编码器

在自编码器中，解码器直接从潜在变量中采样。2014 年发明的**变分自编码器**（**Variational Autoencoder，VAE**）的不同之处在于，它的解码器是从潜在变量参数化分布中采样的。为了描述得更清晰，假设有一个带有两个潜在变量的自编码器，我们随机抽取样本，得到 0.4 和 1.2 两个样本，然后将它们发送到解码器以生成图像。

在变分自编码器中，这些样本不会直接进入解码器。相反，它们被用作**高斯分布**（**Gaussian Distribution**）的均值和方差，我们从这个分布中抽取样本发送到解码器进行图像生成。因为这是机器学习中最重要的分布之一，所以在创建变分自编码器之前，要先看一下高斯分布的一些基础知识。

2.3.1　高斯分布

高斯分布的特征是两个参数——均值（Mean）和方差（Variance）。大家应该对图 2.9 中不同的钟形曲线比较熟悉，标准差（方差的平方根）越大，钟形曲线展开就越大。

可以用符号 $N\left(\mu,\sigma^2\right)$ 来描述一个单变量高斯分布，其中 μ 是均值，σ 是标准差。均值说明了峰值在哪里，它是概率密度最高的值，换句话说，是出现最频繁的值。如果要绘制图像的像素位置(x, y)的样本，并且每个 x 和 y 有不同的高斯分布，这将是一个多维高斯分布。本例中它是一个二维分布。

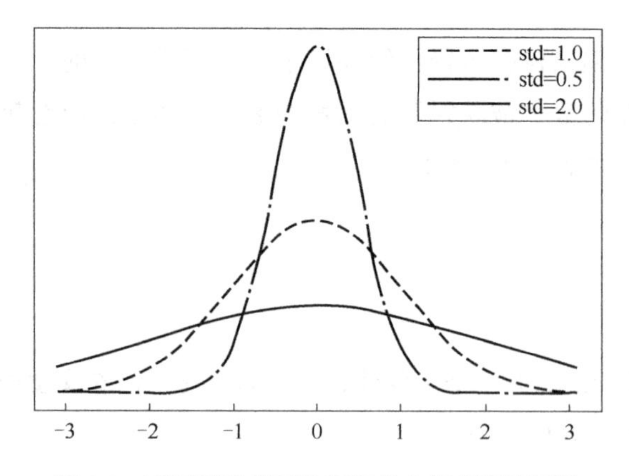

图 2.9　不同标准差下的高斯分布概率密度函数

多元高斯分布的数学方程看起来非常复杂，此处不对其进行赘述。唯一需要知道的是，我们将标准差合并到协方差矩阵中。协方差矩阵中的对角元素只是单个高斯分布的标准差，其他元素表示两个高斯分布之间的协方差（Cov），即它们之间的相关性。图 2.10 为无相关性的二维高斯分布样本。

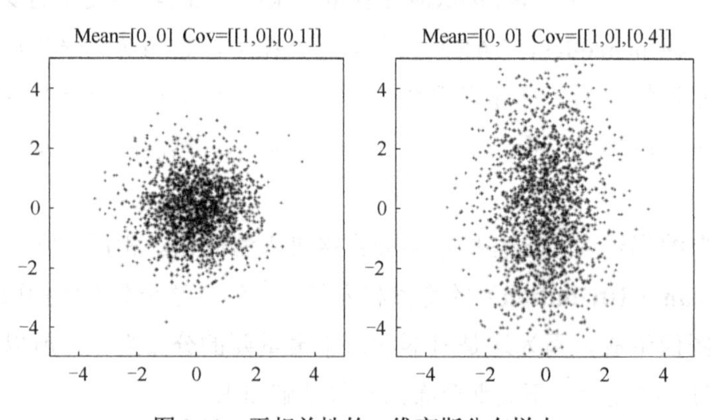

图 2.10　无相关性的二维高斯分布样本

从图 2.10 中可以看到，当一个维度的标准差从 1 增加到 4 时，样本分布只在该维度（y 轴）扩散，而不影响其他维度，即这两个高斯分布是**独立同分布的（Identically and Independently Distributed**，缩写为 **iid**）。

第二个例子如图 2.11 所示，左边的图显示协方差是非零且为正，这意味着当一个维度的密度增加时，另一个维度也会随之增加，它们是相互关联的。右边的图显示了负相关关系。

变分自编码器中的高斯分布假设是独立同分布的，不需要协方差矩阵来描述变量之间的相关性，只需 n 对均值和方差来描述多维高斯分布。我们希望创建一个分布良好的潜在空间，其中不同数据类的潜在变量分布如下所述：

- 均匀分布，使得样本有更好的变化。
- 彼此稍微重叠，形成连续的过渡。

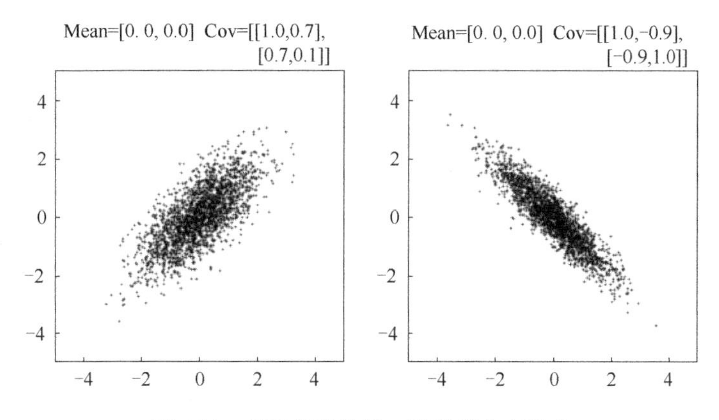

图 2.11　具有相关性的二维高斯分布样本

通过图 2.12 的样本分布可以说明上面所述内容。

图 2.12　从多维高斯分布中提取的四个样本

接下来，学习如何将高斯分布抽样合并到变分自编码器（VAE）中。

2.3.2　采样潜在变量

当训练一个自编码器时，编码的潜在变量直接进入解码器。对于变分自编码器，编码器和解码器之间会有一个额外的采样步骤。编码器产生高斯分布的均值和方差作为潜在变量，我们从中获取样本发送给解码器。关键是采样不可反向传播，因此采样步骤是不可训练的。

反向传播

对于那些不熟悉深度学习基础知识的人，可以使用反向传播来训练神经网络。其中一个步骤是计算损失函数相对于网络权重的梯度。因此，所有操作都必须是可微的，只有这样反向传播才能工作。

为了解决这个问题，可以使用一个简单的重参数化技巧，将高斯随机变量 $N\left(\mu,\sigma^2\right)$ 转换为 $\mu+\sigma\cdot N(0,1)$。换句话说，首先从一个标准的高斯分布 $N(0,1)$ 中采样，然后将其与 σ 相乘，再将其平均值相加。如图 2.13 所示，采样变成仿射变换（仅由加法和乘法运算组成），误差可以从输出反向传播回编码器。

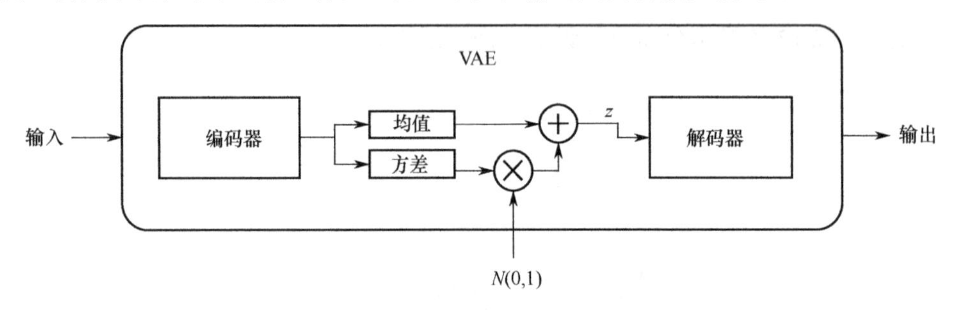

图 2.13　VAE 中的高斯采样

标准高斯分布 $N(0,1)$的采样可视为变分自编码器的输入，不需要反向传播回输入端，而是把 $N(0,1)$采样放到模型中。在了解了采样工作原理后，可以开始构建变分自编码器模型了。

现在我们自定义采样层，如下面的代码片段所示：

```
class GaussianSampling(Layer):
    def call(self, inputs):
        means, logvar = inputs
        epsilon = tf.random.normal(shape=tf.shape(means),
                                   mean=0., stddev=1.)
        samples = means + tf.exp(0.5*logvar)*epsilon
        return samples
```

注意，我们在编码器空间中使用对数方差（而不是方差）来实现数值稳定性。根据定义，方差是一个正数，除非我们使用激活函数（如 relu）来约束它，潜在变量的方差可能变为负值。此外，方差可能变化很大，如从 0.01 到 100，这可能会使训练变得困难。但是，这些值的自然对数为-4.6 和+4.6，这是一个较小的范围。采样时，需要将对数方差转换为标准差，可以利用 tf.exp(0.5*logvar)实现。

重要提示

在 TensorFlow 中有几种构建模型的方法。一种是使用 Sequential 类按顺序添加层。最后一层的输入进入下一层，因而不需要为该层指定输入，构建方便，但不能在具有分支的模型上使用。另一种是使用**函数 API**，从输入开始，链接各个层，并指定每个层的输入。此方法比较灵活，下面我们将采用该方法来建立自编码器。然而，tf.random.normal()不能在 TensorFlow 2 创建动态图的默认模式中使用，这是因为该函数需要知道批量大小才能生成随机数，但在创建各层时它是未知的。因此，当我们试图通过输入大小(None,2)来绘制样本时，Jupyter Notebook 中会出现一个错误。所以，我们使用**子类化**（**Subclassing**）创建模型，这是用来创建自定义层的方法。当调用 call()运行时，就可以知道批量大小，从而完成形状的信息。

现在使用子类化方法重建编码器，如果需要使用输入形状来构造图层，可以在__init__( )或__built__( )中创建图层。由于在子类中不需要读取任何中间张量，我们可以使用 Sequential 类方便地创建卷积层块：

```
class Encoder(Layer):
    def __init__(self, z_dim, name='encoder'):
        super(Encoder, self).__init__(name=name)
        self.features_extract = Sequential([
            Conv2D(filters=8, kernel_size=(3,3), strides=2,
                   padding='same', activation='relu'),
            Conv2D(filters=8, kernel_size=(3,3), strides=1,
                   padding='same', activation='relu'),
            Conv2D(filters=8, kernel_size=(3,3), strides=2,
                   padding='same', activation='relu'),
            Conv2D(filters=8, kernel_size=(3,3), strides=1,
                   padding='same', activation='relu'),
            Flatten()])
```

```
        self.dense_mean = Dense(z_dim, name='mean')
        self.dense_logvar = Dense(z_dim, name='logvar')
        self.sampler = GaussianSampling()
```

然后，使用两个全连接层从提取的特征预测 z 的均值和对数方差。对潜在变量进行采样，并将其与用于损失计算的均值和对数方差一起作为输出返回。解码器与自编码器相同，只是我们现在使用子类重新编写：

```
def call(self, inputs):
    x = self.features_extract(inputs)
    mean = self.dense_mean(x)
    logvar = self.dense_logvar(x)
    z = self.sampler([mean, logvar])
    return z, mean, logvar
```

现在，编码器模块已完成。解码器模块的设计与自编码器相同，因此剩下要做的是定义一个新的损失函数。

2.3.3 损失函数

现在可以从一个多维高斯分布中取样，但仍然不能保证高斯斑点彼此不会相距太远，并广泛分布。变分自编码器的方法是引入一些正则化使高斯分布看起来像 $N(0,1)$。换句话说，希望它们的平均值接近 0，使它们保持在一起；而方差接近 1，则可以更好地采样。这可以使用 **KL 散度（Kullback-Leibler Divergence，KLD）**来实现。

KLD 是衡量一种概率分布与另一种概率分布差异的方法。对于两个分布 P 和 Q，P 相对于 Q 的 KLD 是 P 和 Q 的交叉熵减去 P 的熵。在信息论中，熵是信息或随机变量不确定性的度量。

$$D_{\mathrm{KL}}(P \| Q) = H(P,Q) - H(P) \tag{2-1}$$

在不深入数学细节的情况下，KLD 与交叉熵成正比，因此最小化交叉熵也将最小化 KLD。当 KLD 为零时，两个分布相同。当要比较的分布是标准高斯分布时，KLD 有一个封闭的解，可以利用下列公式，通过均值和方差直接计算：

$$D_{\mathrm{KL}}(N(\mu,\sigma) \| N(0,1)) = -0.5\sum_{i=1}^{\mathrm{zdim}} \log(\sigma_i^2) - \sigma_i^2 - \mu_i^2 + 1 \tag{2-2}$$

我们通过用标签和网络输出创建的自定义损失函数来计算 KL 损失，使用 tf.reduce_mean()而不是 tf.reduce_sum()将其归一化为潜在空间维度的数量，这并不重要，因为 KL 损失已乘以一个超参数，具体的细节稍后讨论。

```
def vae_kl_loss(y_true, y_pred):
    kl_loss = - 0.5 * tf.reduce_mean(vae.logvar - tf.exp(vae.
logvar) - tf.square(vae.mean) - + 1)
    return kl_loss
```

另一个损失函数是我们在自编码器中使用的，用于将生成的图像与标签图像进行比较。这也称为**重建损失（Reconstruction Loss）**，它衡量重建图像与目标图像的差异，因此而得名。重建损失可以是**二元交叉熵（Binary Cross-Entropy, BCE）**或**均方误差（Mean Squared Error, MSE）**。MSE 倾向于生成更清晰的图像，因为它会对偏离标签的像素进行更严重的惩罚（通过平方误差）：

```
def vae_rc_loss(y_true, y_pred):
    rc_loss = tf.keras.losses.MSE(y_true, y_pred)
    return rc_loss
```

最后，将这两种损失相加：

```
def vae_loss(y_true, y_pred):
    kl_loss = vae_kl_loss(y_true, y_pred)
    rc_loss = vae_rc_loss(y_true, y_pred)
    kl_weight_factor = 1e-2
    return kl_weight_factor*kl_loss + rc_loss
```

kl_weight_factor 是一个重要的超参数，在变分自编码器的示例或教程中经常会被忽略。可以看出，总损失由 KL 损失和重建损失组成。由于 MNIST 数字的背景是黑色的，即使网络学习不多，只输出全部零，重建损失也相对较低。

相对而言，潜在变量在一开始时分布是分散的，导致减少 KLD 的收益大于减少重建损失的收益。这促使网络忽略重建损失，只对 KLD 损失进行优化。因此，潜在变量将具有 $N(0,1)$的完美标准高斯分布，但生成的图像与训练图像完全不同，这对生成模型而言是不能接受的。

编码器是有鉴别能力的，因为它试图找出图像中的差异。我们可以把每个潜在变量看作一个特征。如果用两个潜在变量表示 MNIST 数字，它们就可能意味着

圆形或直线。当译码器看到一个数字时，它会利用均值和方差预测该数字是圆形还是直线的可能性。如果神经网络被迫使 KLD 损失为零，则潜在变量的分布将是相同的——中心位于 0，方差为 1。换句话说，圆形和直线的可能性是相等的。因此，编码器失去了其鉴别能力。当这种情况发生时，你会发现译码器每次生成相同的图像，它们看起来像平均像素值。

在进入下一部分之前，建议你访问 ch2_vae_mnist.ipynb，用 VAE (z_dim=2)尝试不同的 kl_weight_factor，观察训练后的潜在变量分布。也可以尝试增加 kl_weight_factor，以查看它是如何阻止 VAE 学习生成的，然后再看看生成的图像和分布。

2.4 用变分自编码器生成人脸

既然你已经学会了变分自编码器（VAE）的理论，并且为 MNIST 建立了一个理论，那么现在是时候长大了，扔掉玩具，该设计一些严肃的东西了。我们将使用 VAE 生成一些人脸，其代码位于 ch2_vae_faces.ipynb 中。下面的人脸数据集可供训练：

- Celeb A（参见链接 10）。这是一个在学术界很流行的数据集，因为它包含人脸属性的注释，但不幸的是，它不能用于商业用途。
- **Flickr-Faces-HQ 数据集（FFHQ）**（参见链接 11）。此数据集可免费用于商业用途，并包含高分辨率图像。

本练习中，我们只假设数据集包含 RGB 图像，你可以随意使用任何适合自己需要的数据集。

2.4.1 网络体系结构

考虑到数据集与 MNIST 不同，在重新使用 **MNIST VAE** 和训练流程时，需要进行一些修改。可以随意减少层、参数、图像大小、epoch 数和批处理量，以适应你的计算能力。修改内容如下：

- 将潜在空间尺寸增加到 200。
- 输入形状从（28,28,1）改变为（112,112,3），因为现在有三个颜色通道，而不是灰度。为什么是 112？早期的 CNN（如 VGG）使用的是 224×224 的输入尺寸，并设定了 CNN 的图像分类标准。现在不想使用太高的分辨率，因为我们还没有掌握生成高分辨率图像所需的技能。因此，选择 224/2 = 112，你也可以使用其他的偶数。

- 在预处理流程中添加了调整图像大小的步骤。我们添加了更多的下采样层。在 MNIST 中，编码器进行下采样两次，从 28 到 14 再到 7。由于从更高的分辨率开始，需要进行下采样四次。
- 由于数据集更加复杂，我们增加了滤波器的数量以增加网络容量。因此，编码器中的卷积层如下所示。这与解码器类似，但方向相反。卷积层不使用下采样，而是通过更大的步长对特征映射进行上采样。

（1）Conv2D(filters = 32, kernel_size=(3,3), strides = 2)

（2）Conv2D(filters = 32, kernel_size=(3,3), strides = 2)

（3）Conv2D(filters = 64, kernel_size=(3,3), strides = 2)

（4）Conv2D(filters = 64, kernel_size=(3,3), strides = 2)

提示

虽然我们在网络训练中使用了整体损失，即 KLD 损失和重构损失，但是应该只使用重构损失作为度量来监控何时保存模型以及何时训练提前终止。KLD 损失起到了正则化的作用，但我们更感兴趣的是重建图像的质量。

2.4.2 面部重建

如图 2.14 所示为利用 VAE 的重建图像，虽然不是完美的重建，但它们看起来确实不错。VAE 已经成功地从输入图像中学习了一些特征，并利用这些特征来绘制一张新面孔，看起来 VAE 更适合重建女性的面孔。其实这并不奇怪，我们已经在第 1 章“开始使用 TensorFlow 生成图像”中看到了均值人脸，因为数据集中女性比例较高，得到的均值人脸具有女性外观。这就是为什么成熟男性拥有更年轻、更女性化的肤色。

图像背景也很有趣。由于图像背景如此多样化，编码器不可能将每个细节编码到低维度，因此可以看到，VAE 对背景颜色进行编码，而解码器基于这些颜色创建了一个模糊的背景。

图 2.14　利用 VAE 的重建图像

分享一件有趣的事情，当 KL 权重因子太高，VAE 无法学习时，均值人脸就会再次回来使你困扰。这就好像 VAE 的编码器被蒙住了双眼，并告诉解码器“嘿，我什么都看不见，给我画一个人吧”，然后解码器就画了一幅它认为普通人长什么样的肖像。

2.4.3　生成新面孔

为了生成新的图像，我们从标准高斯分布中创建随机数并将其提供给解码器，如下面的代码片段所示：

```
z_samples = np.random.normal(loc=0, scale=1, size=(image_num,
                                                    z_dim))
images = vae.decoder(z_samples.astype(np.float32))
```

如图 2.15 所示，大多数生成的人脸看起来都很可怕！

图 2.15　标准法向采样生成的人脸

我们可以利用**采样技巧（Sampling Trick）**来提高图像的保真度。

2.4.4　采样技巧

刚刚看到，经过训练的 VAE 可以很好地重建人脸。而出现上述问题的原因，可能是随机抽样产生的样本中有一些不太正确的地方。为了解决这一问题，我们将几千张图像输入 VAE 解码器，以收集潜在空间的均值和方差，然后画出每个潜在空间变量的平均值，得到的结果如图 2.16 所示。

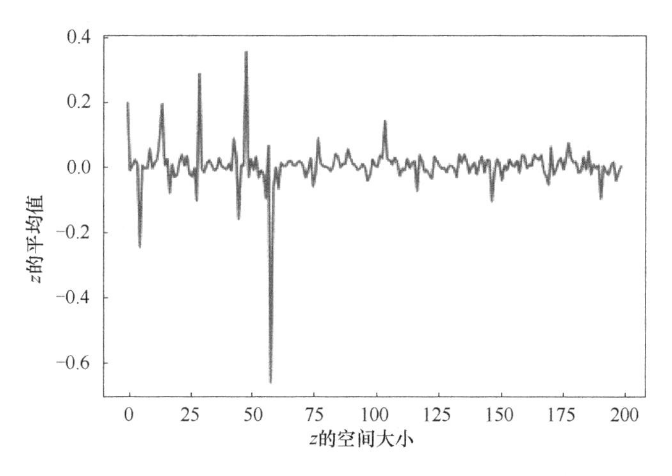

图 2.16　潜在变量的平均值

理论上，它们应该以 0 为中心，方差为 1，但它们可能不是由于次优 KLD 权重和网络训练中的随机性导致的。因此，随机生成的样本并不总是与解码器希望的分布相匹配。我们使用与前面类似的步骤，收集潜在变量的平均标准差（一个标量值），用它生成正态分布样本（200 维），然后加上平均值（200 维）。以上是用来生成样本的技巧。图 2.17 中的人脸看起来更好、更清晰了！

图 2.17　使用采样技巧生成的人脸

在下一节中，将学习如何完成面部编辑，而不是生成随机面部。

2.5 控制面部属性

在本章中所做的一切只为了一个目标：为**脸部编辑**做好准备！这是本章的精彩部分！

2.5.1 潜在空间运算

前面已经多次讨论过潜在空间，还没有给它一个正确的定义。本质上，它意味着潜在变量的每一个可能值。在我们的 VAE 中，它是一个 200 维的向量，或者简单地说是 200 个变量。尽管我们希望每个变量都有独特的语义，比如 $z[0]$表示眼睛，$z[1]$表示眼睛的颜色，等等，但事情从来没有那么简单。我们只需假设信息被编码在所有潜在的向量中，可以使用向量算法来探索空间。

在深入研究高维空间之前，我们尝试使用一个二维的例子来理解它。假设你在地图上的点(0, 0)处，你的家在(x, y)，指向你家的方向是$(x-0, y-0)$除以(x, y)的 L2 范数，或者将方向表示为(x_dot, y_dot)。可见，无论何时移动(x_dot, y_dot)，你都在向你的房子移动；当你移动(−2*x_dot, −2*y_dot)时，你会以两倍的步数远离家。

如果现在我们知道 smiling 属性的方向向量，就可以把它添加到潜在变量中，让脸微笑：

```
new_z_samples = z_samples + smiling_magnitude*smiling_vector
```

smiling_magnitude 是我们设定的标量，下一步是求出获取 smiling_vector 的方法。

2.5.2 寻找属性向量

一些数据集（如 CelebA）为每幅图像提供了面部属性的注释。其标签是二进制的，它们指示图像中是否存在某个属性。我们使用标签和编码的潜在变量来找到方向向量！思路很简单。

（1）利用测试数据集或训练数据集中的几千个样本，使用 VAE 解码器生成潜在向量。

（2）将潜在向量分成两组——使用（正）或不使用（负）我们感兴趣的属性。

（3）分别计算正向量和负向量的平均值。

（4）用平均正向量减去平均负向量，得到属性方向向量。

修改预处理函数以返回我们感兴趣的属性的标签。然后使用 lambda 函数映射到数据流：

```
def preprocess_attrib(sample, attribute):
    image = sample['image']
    image = tf.image.resize(image, [112,112])
    image = tf.cast(image, tf.float32)/255.
    return image, sample['attributes'][attribute]
ds = ds.map(lambda x: preprocess_attrib(x, attribute))
```

不要与将任意 TensorFlow 函数封装到 Keras 层中的 Keras Lambda 层混淆，代码中的 lambda 是一个通用的 Python 表达式。lambda 函数作为一个小函数使用，但是没有用于定义函数的开销代码。前面代码中的 lambda 函数等价于下面的函数：

```
def preprocess(x):
    return preprocess_attrib(x, attribute))
```

当映射链接到数据集时，数据集对象按顺序读取每个图像，并调用相当于图像预处理的 lambda 函数。

2.5.3 面部编辑

提取属性向量后，现在可以做神奇的事情了：

（1）从数据集中取一张图像，即图 2.18 中最左边的人脸。

（2）把人脸编码成潜在变量，然后解码生成一张新的人脸，把它放在每一行的中间。

（3）逐渐向右添加属性向量。

（4）类似地，在向行的左侧移动时减去属性向量。

图 2.18 显示了通过插入男性、胖乎乎的、胡子、微笑和眼镜的潜在向量生成的图像。

过渡相当顺利，你应该已经注意到，这些属性并不是互斥的。例如，当增加女性的胡子时，肤色和头发变得更像男人，VAE 甚至会给这个人戴上领带。这是完全合理的，事实上也是我们想要的，这表明一些潜在变量分布重叠。同样，如果将男性向量设为最小值，一些潜在变量也不会重叠。它将把潜在状态推到一个位置，在该位置遍历胡须向量将不会对脸上长胡子有影响。

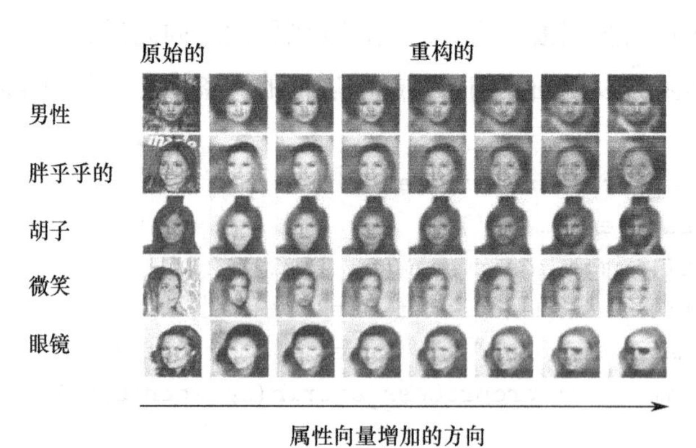

图 2.18　通过探索潜在空间改变面部特征

接下来，可以尝试一起更改多个面部属性。数学是相似的，现在只需要把所有的属性向量加起来。在下面图 2.19 的截图中，左侧的图像是随机生成的，用作基线；右侧是经过一些潜在空间运算（调整图像上方的条形表示的属性向量）后的新图像。

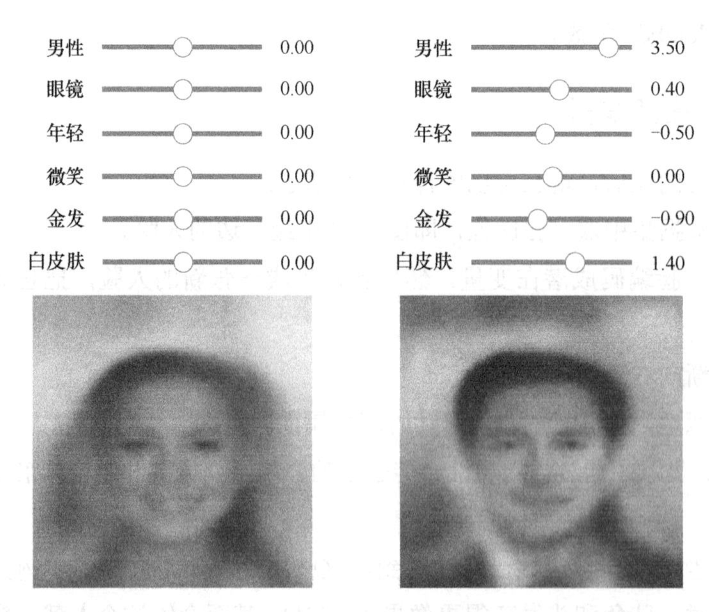

图 2.19　潜在空间控件

这些控件可以在 Jupyter Notebook 中获得。请随意使用它们来探索潜在空间并生成新面孔！

2.6　本章小结

本章介绍了如何使用编码器将高维数据压缩为低维潜在变量，以及如何使用解码器从潜在变量重建数据。首先，说明自编码器的局限性在于无法保证连续和均匀的潜在空间，这使得从中采样变得困难；然后，结合高斯采样构建 VAE 以生成 MNIST 数字；最后，构建了一个更大的 VAE 来训练人脸数据集，并获得了创建和操作人脸的乐趣。通过本章了解到潜在空间抽样分布、潜在空间算法和 KLD 的重要性，为第 3 章“生成对抗网络”（GAN）奠定了基础。

尽管 GAN 在生成逼真图像方面比 VAE 更强大，但早期的 GAN 很难训练。因此，我们将介绍 GAN 的基本原理。在第 3 章结束时，你将学习所有三类主要的深度生成算法的基础知识，这将为你在本书第二部分中学习更高级的模型做好准备。

在讨论 GAN 之前，应该强调（变分）自编码器仍然被广泛使用。VAE 已被纳入 GAN 中。因此，学会 VAE 将帮助你掌握后面章节中介绍的高级 GAN 模型。我们将在第 9 章“视频合成”中介绍如何利用自编码器生成深度假视频。这一章并没有假设 GAN 的先验知识，可以任意跳到前面的章节，看看如何使用自编码器实现面部交换。

第 3 章　生成对抗网络

生成对抗网络（Generative Adversarial Network）通常称为 **GAN**，是目前图像和视频生成中最突出的方法。正如卷积神经网络的发明者 Yann LeCun 博士在 2016 年所说，“这是过去 10 年机器学习中最有趣的想法”。使用 GAN 生成的图像在真实感方面优于其他竞争技术，自 2014 年由当时的研究生伊恩·古德费罗（Ian Goodfellow）发明以来，这些技术已经取得了巨大进步。

本章首先介绍 GAN 的基本原理，并构建一个深度卷积 GAN（DCGAN）来生成 Fashion MNIST；然后介绍训练 GAN 过程中的挑战；最后介绍如何构建 Wasserstein GAN（WGAN）及其变体 WGAN-GP，以解决生成人脸所面临的诸多挑战。

本章包含以下主题：

- 了解 GAN 的基本原理。
- 构建深度卷积 GAN（DCGAN）。
- 训练 GAN 的挑战。
- 建立 Wasserstein GAN（WGAN）。

3.1　技术要求

Jupyter Notebook 代码可以通过访问链接 12 获取。

本章使用的 Jupyter Notebook 如下：

- ch3_dcgan.ipynb
- ch3_mode_collapse
- ch3_wgan_fashion_mnist.ipynb
- ch3_wgan_gp_fashion_mnist.ipynb
- ch3_wgan_gp_celeb_a.ipynb

3.2　了解 GAN 的基本原理

生成模型的目的是学习数据分布，并从中取样生成新的数据。使用我们在前几章中看到的模型，即 PixelCNN 和 VAE，从它们的生成部分可以查看训练期间的图像分布，因此我们称之为显式密度模型。相比之下，从 GAN 中的生成部分永远无法直接看到图像；相反，它只被告知生成的图像看起来是真还是假。因此，GAN 被归类为隐式密度模型。

可以用类比来比较显式模型和隐式模型。比如，一个艺术专业的学生 G，收到了毕加索的画集，并被要求学习如何画毕加索假画。学生 G 可以在学习绘画时查看收藏，因此这是一个显式模型。在另一个场景中，要求学生 G 伪造毕加索的画，但我们没有向他展示任何画，他也不知道毕加索的画是什么样子。他学习的唯一途径是从学生 D 那里得到的反馈，他正在学习辨别毕加索假画。反馈很简单——这幅画要么是假的，要么是真的，这就是隐式 GAN 模型。也许有一天，他们偶然画了一张扭曲的脸，从反馈中得知它看起来像一幅毕加索的真画，然后他们开始用那种风格来欺骗学生 D。学生 G 和 D 是 GAN 中的两个网络，被称为**生成器**和**判别器**。这就是网络架构与其他生成模型的最大区别。

本章中我们首先从学习 GAN 构成要素开始；其次是损失，原始的 GAN 没有重建损失，这是它区别于其他算法的另一个特点；最后为 GAN 创建自定义训练步骤。现在即将准备训练第一个 GAN。

3.2.1　GAN 的架构

在生成对抗网络（GAN）中，“对抗性”（Adversarial）一词根据字典的定义是指涉及反对或分歧。有两个称为生成器和判别器的网络，它们相互竞争。顾名思义，生成器生成假图像；而判别器将识别所生成的图像，以确定它们是真是假。每个网络都在试图赢得这场游戏——判别器想要正确识别每一幅真假图像，而生成器想要欺骗判别器，使其相信它所生成的假图像是真实的。图 3.1 展示了 GAN 的架构。

GAN 的体系结构与 VAE 有一些相似之处（见第 2 章“变分自编码器”）。事实上，可以重新排列 VAE 框图中的块，并添加一些线和开关来生成 GAN 框图。如果一个 VAE 由两个独立的网络组成，则可以这样设想：

- GAN 的生成器作为 VAE 的解码器。
- GAN 的判别器作为 VAE 的编码器。

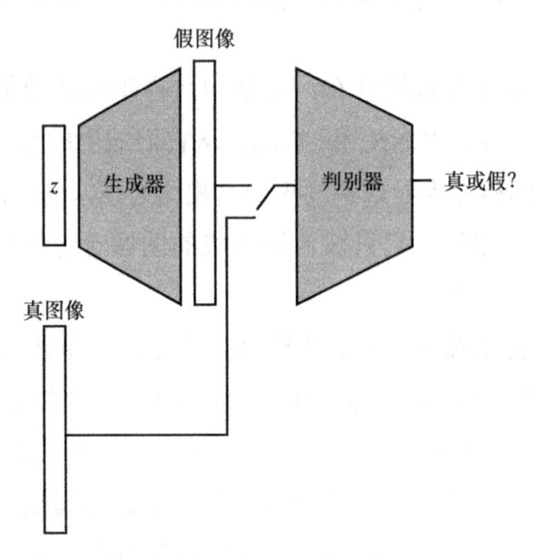

图 3.1　GAN 的架构

生成器将低维简单的分布转换为具有复杂分布的高维图像，就像解码器所做的那样，事实上，它们是相同的。我们可以简单地复制和粘贴解码器代码，并将其重命名为生成器，反之亦然，这样就可以工作了。生成器的输入通常是正态分布的样本，尽管有些生成器使用均匀分布。

将真图像和假图像以不同的小批量发送给判别器。真图像来自数据集的图像，而假图像由生成器生成。判别器将输入图像是真图像还是假图像的单值概率输出来，它是一个二进制分类器，可以使用 CNN 来实现。尽管判别器和编码器的作用不相同，但它们都降低了输入的维数。

事实证明，在一个模型中同时拥有两个网络并没有那么可怕。生成器和判别器是我们的老朋友，只是他们伪装成新的名字而已。我们已经知道如何构建这些模型，现在不需要担心构建它们的细节。事实上，最初的 GAN 论文中只使用了一个多层感知器，GAN 是由一些基本的全连接层组成的。

3.2.2　价值函数

价值函数描述了 GAN 工作的基本原理，其方程可以表示如下：

$$\min_G \max_D V(D,G) = E_{X \sim P_{\text{data}}(x)}\left[\log D(x)\right] + E_{z \sim P_z(z)}\left[\log\left(1 - D\left(G(z)\right)\right)\right] \quad (3\text{-}1)$$

其中：

- D 代表判别器；
- G 代表生成器；
- x 为输入数据，z 为潜在变量。

为方便起见，在代码中也使用相同的符号。式（3-1）是生成器试图最小化的函数，而判别器希望将其最大化。当理解了式（3-1）时，实现代码就会容易得多，并且非常有意义。此外，后面关于 GAN 的挑战和改进内容的讨论，大部分都围绕着损失函数展开。可见，损失函数是非常值得花时间去研究的。GAN 损失函数在一些文献中也被称为对抗损失，现在它看起来相当复杂，但我将对其进行分解，并逐步向你展示如何将其转换成我们可以实现的简单损失函数。

1. 判别器的损失

价值函数方程右边第一项是正确分类真实图像的值。从左边的项知道判别器想要将它最大化。期望是一个数学术语，是随机变量的每个样本的加权平均值之和。在该方程中，权值为数据的概率，变量为判别器输出的对数，如下所示：

$$E_X\left(\log D(x)\right)=\sum_{i=1}^{N}p(x)\log D(x)=\frac{1}{N}\sum_{i=1}^{N}\log D(x) \tag{3-2}$$

在大小为 N 的小批处理中，$p(x)$是 $1/N$，这是因为 x 是一个单独的图像。可以将符号改为负号，不要试图将其最大化，而是尝试将其最小化。具体通过下面的方程（称为对数损失）来完成：

$$\min_D V(D)=-\frac{1}{N}\sum_{i=1}^{N}\log D(x)=-\frac{1}{N}\sum_{i=1}^{N}y_i\log p(y_i) \tag{3-3}$$

其中：

- y_i 是标号，真实图像的标号是 1；
- $p(y_i)$是样本为实值的概率。

价值函数方程右边第二项是关于虚假图像的，其中 z 为随机噪声，$G(z)$为生成的虚假图像。$D(G(z))$是判别器对图像真实性的置信度得分。如果对虚假图像使用 0 的标签，可以用同样的方法将其转换为：

$$-E_{z\sim P_z(z)}\left[\log\left(1-D\left(G(z)\right)\right)\right]=-\frac{1}{N}\sum_{i=1}^{N}(1-y_i)\log\left(1-p(y_i)\right) \tag{3-4}$$

把式（3-3）和式（3-4）合并，可以推导出判别器损失函数，它是二元交叉熵损失：

$$\min_D V(D) = -\frac{1}{N}\sum_{i=1}^{N} y_i \log p(y_i) + (1-y_i)\log(1-p(y_i)) \tag{3-5}$$

下面的代码演示了如何实现判别器损失，具体代码可以在 Jupyter Notebook ch3_dcgan.ipynb 中找到：

```
import tf.keras.losses.binary_crossentropy as bce
def discriminator_loss(pred_fake, pred_real):
    real_loss = bce(tf.ones_like(pred_real), pred_real)
    fake_loss = bce(tf.zeros_like(pred_fake), pred_fake)
    d_loss = 0.5 *(real_loss + fake_loss)
    return d_loss
```

训练中，使用相同的小批量分别向前传递真实和虚假图像，分别计算它们的二元交叉熵损失，并将平均值作为损失。

2. 生成器的损失

仅当模型用来评估虚假图像时，才涉及生成器，因此只需查看价值函数方程的右边第二项，并将其简写为：

$$\min_G V(G) = E_{z\sim P_z(z)}\left[\log(1-D(G(z)))\right] \tag{3-6}$$

训练开始时，生成器不擅长生成图像，判别器始终有信心将其分类为 0，使 $D(G(z))$始终为 0，log(1−0)也是如此。当模型输出中的误差始终为 0 时，就不存在反向传播的梯度。因此，生成器的权重不会更新，生成器也不会学习，这种现象称为饱和梯度，因为在判别器的 sigmoid 函数输出中几乎没有梯度。为了避免此问题，我们将方程从最小化 $1-D(G(z))$到最大化 $D(G(z))$转换为：

$$\max_G V(G) = E_{z\sim P_z(z)}\left[\log(D(G(z)))\right] \tag{3-7}$$

使用此函数的 GAN 也称为非饱和 GAN（NS-GAN）。事实上，几乎所有 Vanilla GAN 的实现都使用这个价值函数，而不用原始的 GAN 函数。

Vanilla GAN

研究人员在发明 GAN 后不久就对 GAN 产生了浓厚的兴趣，许多研究人员给他们的 GAN 起了一个名字。多年来，一些人试图追踪所有命名的 GAN，但名单太长了。Vanilla GAN 是用来泛指第一种没有花样的 GAN，它通常使用两到三个隐藏的全连接层来实现。

可以用与判别器相同的数学步骤推导出判别器损失，最终得到相同的判别器损失函数，只是其中一个标签用于真实图像。对于初学者来说，他们对为什么要使用真标签来伪造图像可能会感到困惑。如果我们推导出这个方程，就会很清楚地理解它，因为想要欺骗判别器，让它假设生成的图像是真实的，所以我们使用真实标签。代码如下：

```
def generator_loss(pred_fake):
    g_loss = bce(tf.ones_like(pred_fake), pred_fake)
    return g_loss
```

恭喜你，你已经把 GAN 中最复杂的方程变得简单了，在几行代码中实现了二元交叉熵损失！现在让我们看看 GAN 的训练流程。

3.2.3　GAN 训练步骤

为了在 TensorFlow 或其他高级机器学习框架中训练传统神经网络，我们指定了模型、损失函数、优化器，然后调用 model.fit()。TensorFlow 将为我们做所有的工作——我们只是坐在那里，等待损失下降。不幸的是，不能像对待 VAE 那样，将生成器和判别器链接为单个模型，直接调用 model.fit()来训练 GAN。

在深入研究 GAN 问题之前，先暂停一下，回顾一下在进行单个训练步骤时，背后发生了什么：

（1）执行前向传递来计算损失。

（2）从损失开始，反向传播相对于变量（权重和偏差）的梯度。

（3）然后是变量更新步骤。优化器缩放梯度并将它们添加到变量中，从而完成一个训练步骤。

以上是深度神经网络的一般训练步骤。不同的优化器只是在计算比例因子的方式上有所不同。

现在回到 GAN，看看梯度流。当我们使用真实图像训练时，只涉及判别器，网络输入是真实图像，输出是 1 的标签。生成器在这里不起作用，我们不能使用 model.fit()。但是，仍然可以仅使用判别器来拟合模型，即 D.fit()，这样就不会出现阻塞问题。当我们使用虚假图像和梯度通过判别器反向传递到生成器时，问题就出现了。那么，问题是什么呢？让我们把虚假图像的生成器损失和判别器损失并排放置：

```
g_loss = bce(tf.ones_like(pred_fake), pred_fake)
# generator
fake_loss = bce(tf.zeros_like(pred_fake), pred_fake)
# generator
```

如果试着找出它们之间的区别，就会发现它们的标签是不同的！这意味着，利用生成器损失来训练整个模型将使判别器向相反方向移动，而不是学习辨别。这是适得其反的。一个未经训练的判别器会阻碍生成器的学习。为此，我们必须分别训练生成器和判别器，在训练生成器时，冻结判别器的变量。

设计 GAN 训练流程有两种方法，一种是使用高级的 Keras 模型，它只需要较少的代码，看起来更"优雅"。只需定义模型一次，然后调用 train_on_batch()来执行所有步骤，包括前向传递、反向传播和权重更新；但在涉及实现更复杂的损失函数时，它就不是那么灵活了。另一种方法是使用底层代码，这样可以控制每一步。对于第一个 GAN，将使用官方 TensorFlow GAN 教程中自定义训练步骤的底层函数（参见链接 13），如下面的代码所示：

```
def train_step(g_input, real_input):
    with tf.GradientTape() as g_tape,\
         tf.GradientTape() as d_tape:
        # Forward pass
        fake_input = G(g_input)
        pred_fake = D(fake_input)
        pred_real = D(real_input)
        # Calculate losses
        d_loss = discriminator_loss(pred_fake, pred_real)
        g_loss = generator_loss(pred_fake)
```

tf.GradientTape()用于记录单个过程的梯度，另一个 API tf.Gradient()具有类似的函数，但后者在 TensorFlow 的动态图中不起作用。我们可以看到前面提到的三个训练步骤是如何在 train_step()中实现的。前面的代码片段显示了执行前向传递来计算损失的第一步，第二步是使用梯度带从生成器和判别器的损失计算各自的梯度：

```
gradient_g = g_tape.gradient(g_loss,\
             G.trainable_variables)
gradient_d = d_tape.gradient(d_loss,\
             D.trainable_variables)
```

最后一步是使用优化器将梯度应用于变量：

```
G_optimizer.apply_gradients(zip(gradient_g,
            self.G.trainable_variables))
D_optimizer.apply_gradients(zip(gradient_d,
            self.D.trainable_variables))
```

现在学会了训练 GAN 所需的一切，下一步的工作就是设置输入流、生成器和判别器，下一节将介绍这些内容。

自定义模型拟合

在 TensorFlow 2.2 之后，现在可以为 Keras 模型创建一个自定义的 train_step()，而无须重写整个训练流程。然后，可以按照通常的方式使用 model.fit()，这允许使用多个 GPU 进行训练。不幸的是，这个新特性没有及时发布，无法在本书的代码中体现。但是，请查看链接 14 中的 TensorFlow 教程，并自由修改 GAN 的代码，以使用自定义模型拟合。

3.3　构建深度卷积 GAN（DCGAN）

尽管已经证明 Vanilla GAN 是一个生成模型，但它存在一些训练问题，其中之一是难以扩展网络，使其更深来增加容量。**DCGAN** 的作者们结合了当时 CNN 的最新研究成果，将 **maxpool** 层替换为用于下采样的跨步卷积，并且移除了全连接层，使网络更深，训练更稳定。这些方法已经成为设计新 CNN 的标准方式。

3.3.1　结构指南

DCGAN 不是严格意义上的固定神经网络，因为固定神经网络具有预先定义的包含固定参数的网络层，如内核大小和层数；相反，它更像是架构设计指南。DCGAN 中批量归一化、激活和上采样的使用影响了 GAN 的发展。因此，需要进一步研究，为设计自己的 GAN 提供指导。

1. 批量归一化

在机器学习社区中，batch normalization 被非正式地称为 batchnorm。在深度神经网络训练的早期，层在反向传播后更新权重，产生更接近目标的输出。然而，后续层的权重也发生了变化，它就像一个移动的目标，让深度网络的训练变得困难。批量归一化通过对每一层的输入进行归一化，使均值为 0，方差为 1，从而使训练更加稳定。批量归一化中的操作有：

- 计算每个通道的小批处理中张量 x 的平均值 μ 和标准差 σ（因此称为批量归一化）。
- 将张量归一化：$x' = (x - \mu) / \sigma$。
- 执行一个仿射变换：$y = \alpha^* x' + \beta$，其中 α 和 β 是可训练的变量。

在 DCGAN 中，除判别器的第一层和生成器的最后一层外，生成器和判别器都添加了批量归一化。需要注意的是，最新的研究表明，批量归一化不是用于图像生成的最佳标准化技术，因为它删除了一些重要的信息。在后面的章节中将讨论其他标准化技术，但在此之前，在 GAN 中继续使用批量归一化。我们应该知道，为了使用批量归一化，必须使用一个大型小批量；否则，批次统计量会在批次之间有很大的变化，从而导致训练不稳定。

2. 激活函数

图 3.2 显示了在 DCGAN 中使用的激活函数，由于判别器是作为二进制分类器来工作的，我们使用 sigmoid 函数将输出压缩到 0（假）～1（真）的范围内。而生成器的输出使用 tanh 函数，它将图像限定在−1 和+1 之间。因此，需要在预处理步骤中将图像缩放到此范围内。

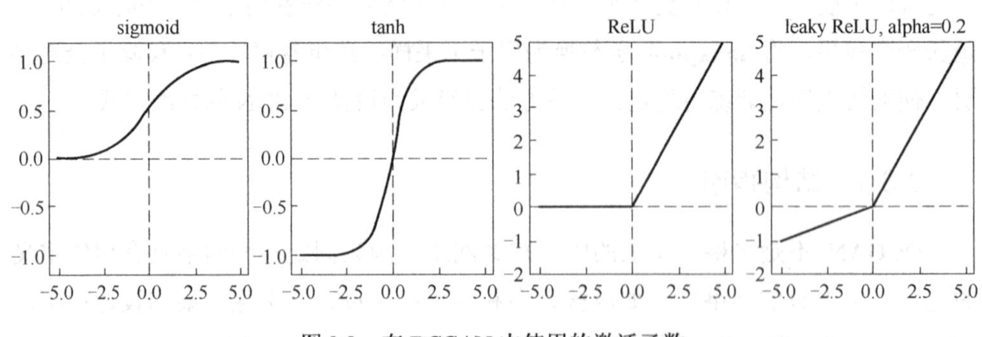

图 3.2 在 DCGAN 中使用的激活函数

对于中间层，生成器在所有层中都使用 ReLU，但判别器却使用 leaky ReLU。在标准 ReLU 中，激活随正输入的增加而线性增加，但对所有负输入值均为零。当梯度流为负值时，这样就限制了梯度流，因此生成器不会接收梯度以更新其权重。

当激活函数为负值时，leaky ReLU 允许小梯度流动，从而缓解了该问题。

如图 3.2 所示，对于大于或等于 0 的输入，它与 ReLU 相同，其中输出等于斜率为 1 的输入。对于小于 0 的输入，输出被缩小到输入的 1/5。TensorFlow 中 leaky ReLU 的默认斜率为 0.3，而 DCGAN 使用 0.2。leaky ReLU 的斜率只是一个超参数，可以尝试采用任意其他值。

3. 上采样

在 DCGAN 中，生成器的上采样使用转置卷积层。然而，已证明这将在生成的图像中产生棋盘图案，特别是在带有浓重颜色的图像中。因此，我们将其替换为 UpSampling2D，使用双线性插值来执行传统的图像大小调整方法。

3.3.2 建立 Fashion-MNIST 的 DCGAN

本练习使用的 Jupyter Notebook 是 ch3_dcgan.ipynb。

MNIST 已经在许多机器学习入门教程中使用过，大家对此比较熟悉。随着机器学习的最新进展，这个数据集对于深度学习来说似乎有点微不足道。因此，创建了一个新的数据集 Fashion-MNIST，如图 3.3 所示，直接替代 MNIST 数据集。Fashion-MNIST 有数量完全相同的训练和测试示例，10 个类别的 28×28 灰度图像，下面将用它们来训练 DCGAN。

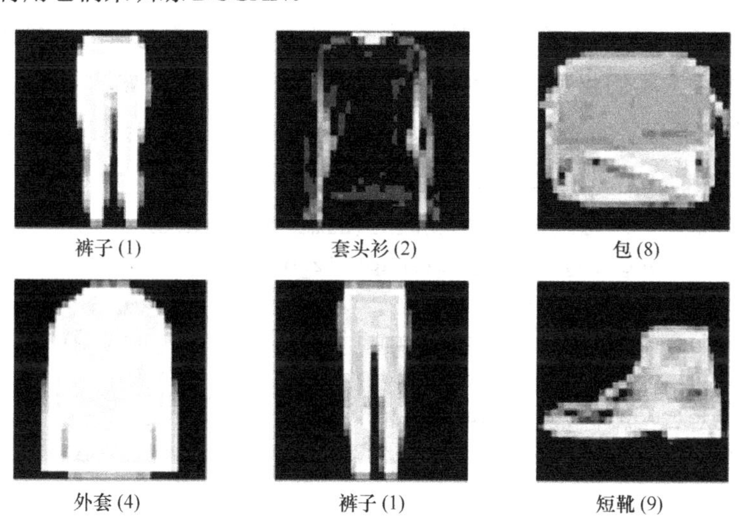

图 3.3 Fashion-MNIST 数据集的图像示例

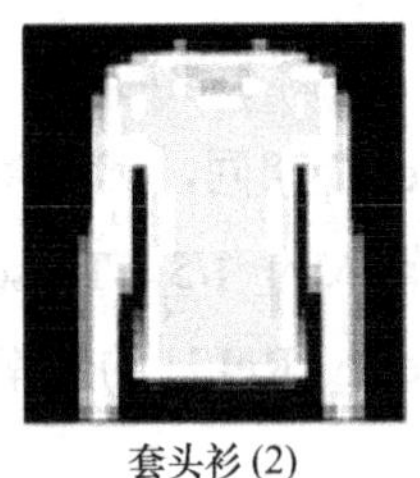
套头衫 (2)

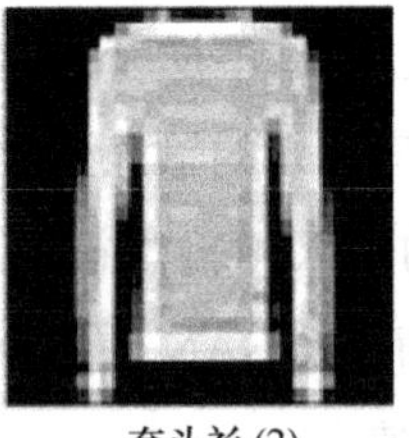
套头衫 (2)

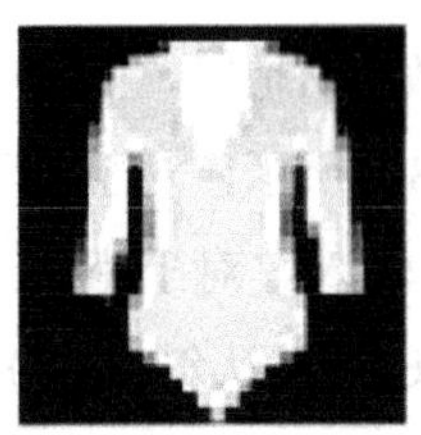
T恤/上衣 (0)

图 3.3 Fashion-MNIST 数据集的图像示例（续）

1. 生成器

生成器的设计可分为两部分：

- 将一维隐向量转换为三维激活图。
- 将激活图的空间分辨率提高一倍，直到与目标图像匹配。

首先要做的是计算出上采样阶段的数量，由于图像的形状为 28×28，可以按照 7→14→28 的顺序，使用两个上采样阶段来增加尺寸。

对于简单的数据，可以在每个上采样阶段使用一个卷积层，也可以使用更多的层。该方法与 CNN 相似，因为在下采样之前，有几个卷积层在相同的空间分辨率上工作。

下一步，将决定第一卷积层的通道数。假设使用[512, 256, 128, 1]，其中最后一个通道号是图像通道号。根据这些信息，知道第一全连接层的神经元数是 7×7×512。7×7 是我们计算出的空间分辨率，512 是第一卷积层的滤波器数量。在全连接层之后，我们将其重塑为(7, 7, 512)，这样它就可以被输入卷积层中。最后，只需定义卷积层的滤波器数量，并添加批量归一化和 ReLU，代码如下：

```
def Generator(self, z_dim):
        model = tf.keras.Sequential(name='Generator')
        model.add(layers.Input(shape=[z_dim]))
        model.add(layers.Dense(7*7*512))
        model.add(layers.BatchNormalization(momentum=0.9))
        model.add(layers.LeakyReLU())
        model.add(layers.Reshape((7,7,512)))
        model.add(layers.UpSampling2D((2,2),
                              interpolation="bilinear"))
        model.add(layers.Conv2D(256, 3, padding='same'))
        model.add(layers.BatchNormalization(momentum=0.9))
        model.add(layers.LeakyReLU())
        model.add(layers.UpSampling2D((2,2),
```

```
    interpolation="bilinear"))
    model.add(layers.Conv2D(128, 3, padding='same'))
    model.add(layers.LeakyReLU())
    model.add(layers.Conv2D(image_shape[-1], 3,
                            padding='same', activation='tanh'))
    return model
```

生成器的模型总结如图 3.4 所示。

模型：生成器

网络层（类型）	输出形状	参数量
dense_1 (Dense)	(None, 25088)	2533888
batch_normalization_2 (Batch…	(None, 25088)	100352
leaky_re_lu (LeakyReLU)	(None, 25088)	0
reshape (Reshape)	(None, 7, 7, 512)	0
up_sampling2d (UpSampling2D)	(None, 14, 14, 512)	0
conv2d_2 (Conv2D)	(None, 14, 14, 256)	1179904
batch_normalization_3 (Batch…	(None, 14, 14, 256)	1024
leaky_re_lu_1 (LeakyReLU)	(None, 14, 14, 256)	0
up_sampling2d_1 (UpSampling2…	(None, 28, 28, 256)	0
conv2d_3 (Conv2D)	(None, 28, 28, 128)	295040
leaky_re_lu_2 (LeakyReLU)	(None, 28, 28, 128)	0
conv2d_4 (Conv2D)	(None, 28, 28, 1)	1153

总参数：4111361
可训练参数量：4060673
不可训练参数量：50688

图 3.4 DCGAN 生成器模型总结

生成器的模型总结显示，激活映射形状的空间分辨率增加了一倍（7×7 到 14×14 到 28×28），而通道数量减少了一半（512 至 256 至 128）。

2. 判别器

判别器的设计很简单，就像一个简单的分类器 CNN，但使用 leaky ReLU 作为激活。事实上，DCGAN 的论文中甚至没有提到判别器的体系结构。根据经验，判别器的层数应该少于或等于生成器的层数，这样它就不会击败生成器而阻碍后者的学习。下面是创建判别器的代码：

```
def Discriminator(self, input_shape):
    model = tf.keras.Sequential(name='Discriminator')
```

```
    model.add(layers.Input(shape=input_shape))
    model.add(layers.Conv2D(32, 3, strides=(2,2),
                            padding='same'))
    model.add(layers.BatchNormalization(momentum=0.9))
    model.add(layers.ReLU())
    model.add(layers.Conv2D(64, 3, strides=(2,2),
                            padding='same'))
    model.add(layers.BatchNormalization(momentum=0.9))
    model.add(layers.ReLU())
    model.add(layers.Flatten())
    model.add(layers.Dense(1, activation='sigmoid'))
    return model
```

该判别器是一个简单的 CNN 分类器，其模型摘要如图 3.5 所示。

模型：判别器

网络层（类型）	输出形状	参数量
conv2d (Conv2D)	(None, 14, 14, 32)	320
batch_normalization (BatchNo...	(None, 14, 14, 32)	128
re_lu (ReLU)	(None, 14, 14, 32)	0
conv2d_1 (Conv2D)	(None, 7, 7, 64)	18496
batch_normalization_1 (Batch...	(None, 7, 7, 64)	256
re_lu_1 (ReLU)	(None, 7, 7, 64)	0
flatten (Flatten)	(None, 3136)	0
dense (Dense)	(None, 1)	3137

总参数：22337
可训练参数量：22145
不可训练参数量：192

图 3.5 DCGAN 判别器模型摘要

3.3.3 训练我们的 DCGAN

现在可以对本书中的第一个 GAN 开展训练了，图 3.6 显示了在训练的不同步骤中生成的图像。

第一行图像是在网络权重初始化之后和任何训练步骤之前生成的。正如我们所看到的，它们只是一些随机噪声。随着训练的进行，生成的图像会变得更好。然而，生成器的损失比只产生随机噪声时要高。生成器损失不是对生成图像质量的绝对度量，它仅仅提供了相对的术语来比较生成器和判别器的性能，判别器损失也一样。生成器损失低，只是因为判别器没有学会如何做好工作。GAN 面临的挑战之一是这种损失不能提供关于模型质量的充分信息。图 3.7 显示了训练时的判别器损失和生成器损失。

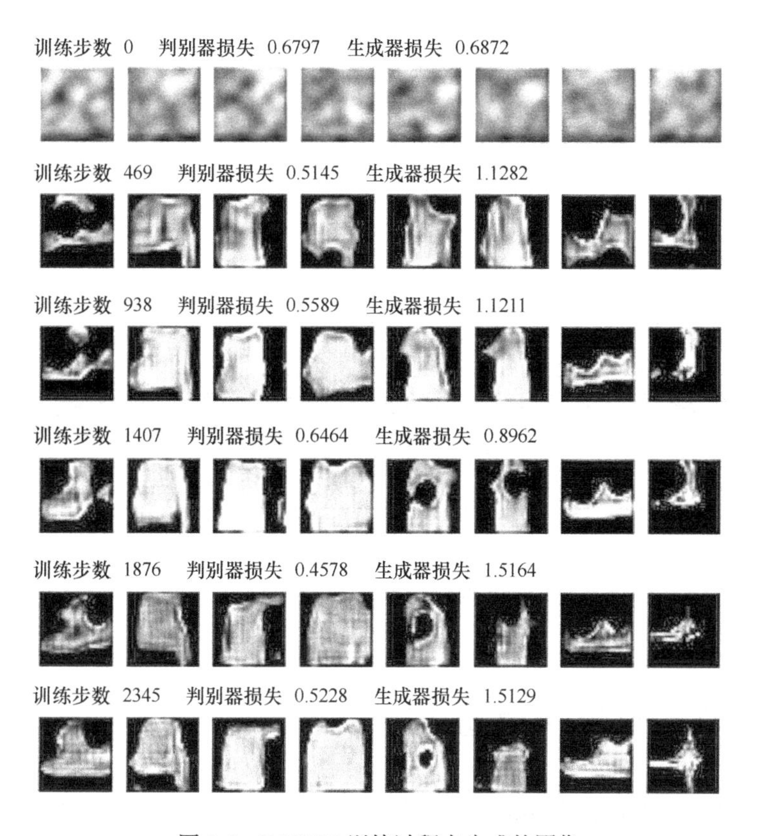

图 3.6 DCGAN 训练过程中生成的图像

由图 3.7 可以看到，在前 1000 步中达到了平衡，之后损失保持大致稳定。然而，这种损失并不是决定何时停止训练的决定性因素。现在，我们可以每隔几个 epoch 保存权重，注意观察以选择生成的最佳图像！

理论上，当 pdiscriminator=pdata 时，该判别器的全局最优。换句话说，如果 pdata=0.5，因为一半的数据是真实的，一半是假的，那么 pdiscriminator=0.5 将意味着它不再能够区分这两个类，预测并不比抛硬币的方法更好。

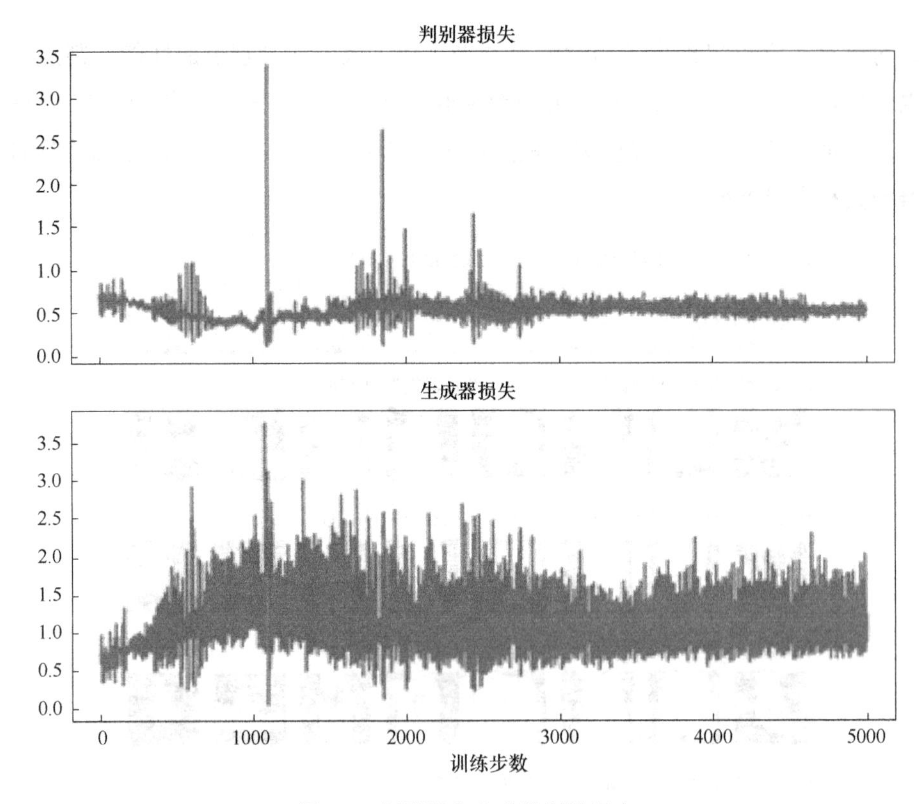

图 3.7　判别器和生成器训练损失

3.4　训练 GAN 的挑战

众所周知，GAN 难以训练，下面重点讨论训练 GAN 的主要挑战。

3.4.1　无信息损失和度量

当训练 CNN 进行分类或实施检测任务时，可以通过观察损失图的形状来判断网络是否收敛或过拟合，从而知道何时停止训练；然后，这些指标与损失相关联，例如，当损失最小时，分类精度通常最高。然而，我们不能对 GAN 的损失进行相同的操作，因为它没有最小值，只是在训练一段时间后在某个常数值附近波动，我们也无法将生成的图像质量与损失关联起来。

在 GAN 发展的早期，为了解决这个问题，研究者发明了一些指标，其中之一是初始分数（Inception Score）。一种称为 Inception 的分类 CNN 被用来预测

ImageNet 数据集中属于 1000 个类别之一的图像的置信分数。如果一个类记录为高置信度，则更有可能是一个真实的图像。另一个度量称为弗雷歇起始距离（Fréchet inception distance），它测量生成图像的多样性。这些度量标准通常只在学术论文中用于与其他模型进行比较（因此，它们可以声称自己的模型优于其他模型），在本书中不会详细介绍它们。人类视觉检测仍然是评估生成图像质量的最可靠的方法。

3.4.2 不稳定性

GAN 对超参数的任何变化都非常敏感，包括学习速率和滤波器大小。即使在大量超参数调优和正确的架构之后，重新训练模型时，仍会出现图 3.8 所示的情况。

训练步数 0：判别器损失 0.7045 生成器损失 0.6961 置信度 真：0.125 假：0.970

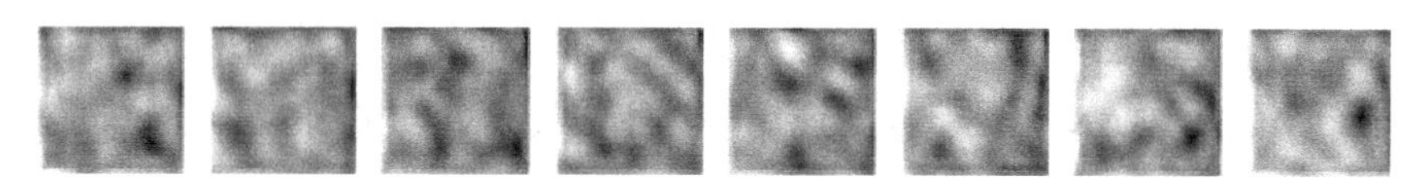

训练步数 600：判别器损失 0.0003 生成器损失 9.0413 置信度 真：1.000 假：1.000

图 3.8 生成器陷入局部极小值的情况

如果网络权重不幸被随机初始化为一些错误的值，生成器可能会陷入一些错误的局部最小值，并且可能永远无法恢复，而判别器则会不断改进。这会导致生成器不起作用，只能生成无意义的图像，称为收敛失败，即损失不能收敛。对于这种情况，需要停止训练，重新初始化网络，并重新开始训练。这也是为什么我们没有选择一个更复杂的数据集（如 CelebA）来介绍 GAN。但别担心，我们会在本章结束之前讲到这个问题。

3.4.3 梯度消失

出现不稳定，其中一个原因是生成器的梯度消失。正如已经提到的，在训练生成器时，梯度会流过判别器。如果判别器确信图像是假的，那么将有很少甚至零梯度反向传播到生成器。以下是一些缓解措施：

- 重新构造价值函数从最小化 $\log(1-D(G(z))$，到最大化 $\log D(G(z))$，前面我们已经做过了。在实践中，仅靠这一点还不够。
- 使用允许更多梯度流动的激活函数，比如 leaky ReLU。
- 通过减小判别器的网络容量或增加生成器的训练步骤来平衡生成器和判别器。
- 采用单边标签平滑，将真实图像的标签从 1 降低到如 0.9，以降低判别器的置信度。

3.4.4 模式崩塌

当生成器生成的图像看起来彼此相似时，模式崩塌（又称模式崩溃）就会发生，这不能与 GAN 只产生垃圾图像的收敛失败相混淆。即使在类的小子集中可以生成较好的图像，也可能产生类间模式崩塌；即使在类内的几个相同图像中可以生成较好的图像，也可能产生类内模式崩塌。可以通过在两种高斯分布的混合分布上训练 Vanilla GAN 来演示模式崩塌，具体的代码可以在 ch3_mode_collapse 上运行。

图 3.9 以两个高斯斑点的形式显示了训练期间生成的样本的形状。一个样本为圆形，另一个样本为椭圆形。图中最上面的小图是真实的样本，下面两行小图显示了训练过程中两个不同时期生成的样本。

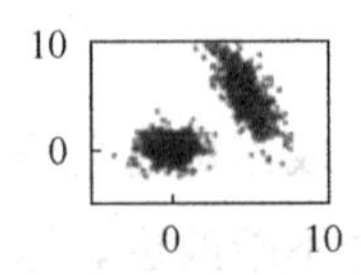

训练步数 0：判别器损失 0.7015　生成器损失 0.6952　置信度　真：0.369　假：0.634
(50000, 2)

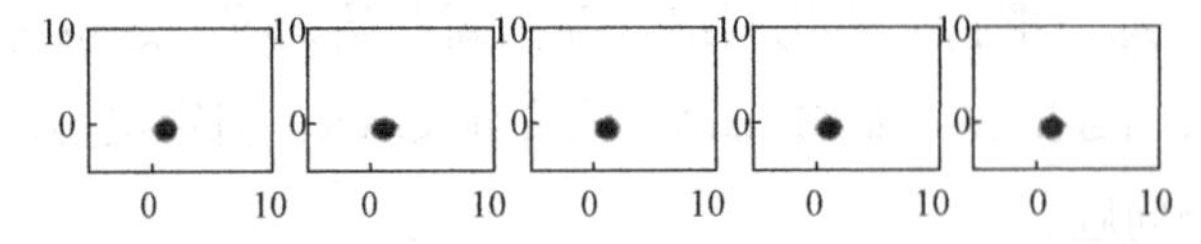

训练步数 9：判别器损失 0.6599　生成器损失 0.6866　置信度　真：0.624　假：0.401
(50000, 2)

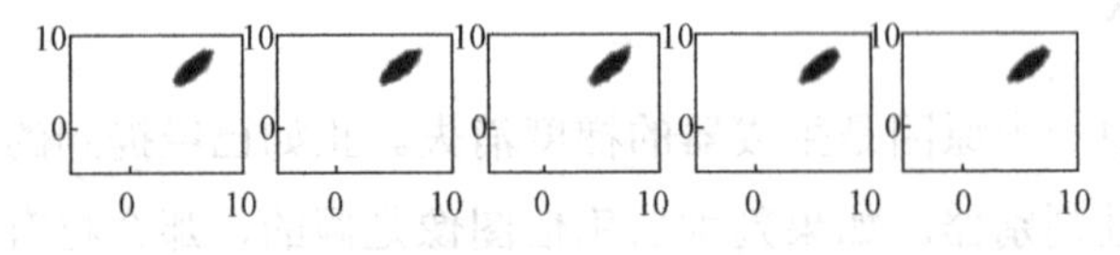

图 3.9　训练期间生成的样本的形状

Vanilla GAN 训练时，生成的样本可能看起来像小批量中的两种模式之一，但绝不会同时出现两种模式。对于 Fashion-MNIST 来说，就像鞋子一样，不管怎么看，生产商每次生产出的鞋子都是一样的。毕竟，生成器的目标是生成逼真的图像，并且只要判别器认为图像是真实的，它就不会因为每次都显示相同的鞋子而受到惩罚。正如 GAN 在最初的论文中从数学上证明的那样，在判别器达到最优后，生成器将致力于优化 Jensen-Shannon 散度（JSD）。对于我们而言，只需知道 JSD 是 Kullback-Leibler 散度（KLD）的对称版本，其上界为 log2，而不是无限上界。不幸的是，JSD 也是模式崩塌的原因之一。

通过最小化 KLD、MMD（最大平均偏差）和 JSD 对混合高斯数据进行标准高斯分布拟合，如图 3.10 所示。图中最左边的数据服从两个高斯分布，其中一个比另一个具有更高的质量密度。我们试图在数据上拟合一个高斯分布，换句话说，就是估计一个最佳均值和标准差来描述这两种高斯分布。本书中不讨论 GAN 中未使用的 MMD。通过 KLD 可以看到，虽然拟合高斯偏向于较大的高斯斑点，但它仍然为较小的高斯斑点提供了一些覆盖。JSD 的情况并非如此，它只适用于最突出的高斯斑点，这解释了 GAN 中存在的模式崩塌——当某些模式被优化器锁定时，某些特定图像生成的概率很高。

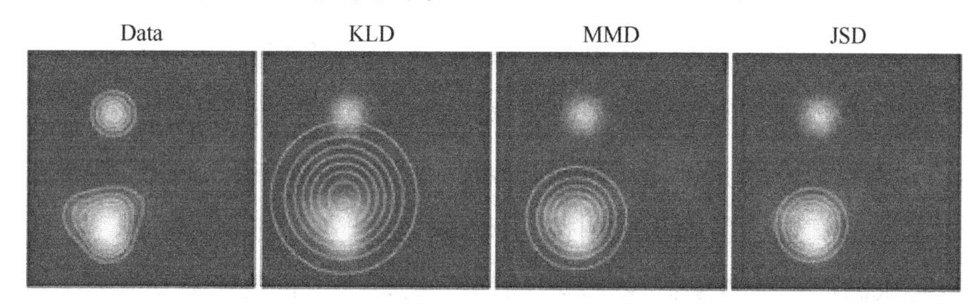

图 3.10　通过最小化 KLD、MMD 和 JSD 对混合高斯数据进行标准高斯分布拟合

（来源：L. Theis et al., 2016, “A Note On The Evaluation of Generative Models”, https://arxiv.org/abs/1511.01844）

3.5　建立 Wasserstein GAN（WGAN）

许多人试图通过使用启发式方法来解决 GAN 训练的不稳定性，比如尝试不同的网络架构、超参数和优化器。2016 年，随着 Wasserstein GAN（WGAN）的引入，出现了重大突破。WGAN 缓解甚至消除了我们已经讨论过的许多 GAN 挑战，它不再需要精心设计网络结构，也不需要仔细平衡判别器和生成器，模式崩塌问题也大大减少。

WGAN 与原始的 GAN 相比，其根本性的改进是损失函数的改变。理论上，如果两个分布不相交，JSD 将不再是连续的，因此不可微，导致零梯度。WGAN 通过使用一个新的损失函数来解决这个问题，这个损失函数在任何地方都是连续且可微的！

本练习用到的 Jupyter Notebook 是 ch3_wgan_fashion_mnist.ipynb。

可以不学习本节中的代码，特别是更复杂的 WGAN-GP。虽然理论上复杂的损失函数可以取得更好的效果，但我们仍然可以使用一个更简单的损失函数，通过精心设计的模型结构和超参数稳定地训练 GAN。不过你应该尝试理解术语 Lipschitz 约束，因为它在几个高级技术的开发中被使用过，我们将在后面的章节中对它进行介绍。

3.5.1 理解 Wasserstein 损失

让我们回顾一下非饱和价值函数：

$$E_{X\sim P_{\text{data}}(x)}\left[\log D(x)\right]+E_{z\sim P_z(z)}\left[\log D\left(G(z)\right)\right] \quad (3\text{-}8)$$

WGAN 使用了一种新的损失函数，称为 EMD（Earth Mover's Distance）或 Wasserstein 距离，它用来衡量一种分布转换为另一种分布所需的距离或努力。从数学上讲，它是真实图像和生成图像之间每个联合分布的最小距离，在具体应用时是难以解决的，一些数学假设也超出了本书的范围。价值函数变成下列形式：

$$E_{X\sim P_{\text{data}}(x)}\left[D(x)\right]-E_{z\sim P_z(z)}\left[D\left(G(z)\right)\right] \quad (3\text{-}9)$$

现在，让我们把上面的公式与非饱和价值函数进行比较，并利用此方程来推导损失函数。最显著的变化有两个，一个是 log()消失，另一个是假图像的变化标志消失。因此第一项的损失函数为：

$$-\frac{1}{N}\sum_{i=1}^{N}D(x)=-\frac{1}{N}\sum_{i=1}^{N}y_iD(x) \quad (3\text{-}10)$$

这是判别器输出的平均值乘以−1。我们还可以用 y_i 作为标签来表示它，其中+1 表示真实图像，−1 表示虚假图像。因此，可以将 Wasserstein 损失作为 TensorFlow Keras 自定义损失函数，如下所示：

```
def wasserstein_loss(self, y_true, y_pred):
    w_loss = -tf.reduce_mean(y_true*y_pred)
    return w_loss
```

由于该损失函数不再是二元交叉熵，判别器的目标不再是对真实图像和虚假图像进行分类或鉴别。相反，它的目标是最大限度地提高真实图像相对于虚假图像的分数。因此，在 WGAN 中，判别器被赋予了一个新的名字——评论器。

生成器和判别器架构保持不变。唯一的变化是从判别器的输出中删除了 sigmoid 函数。因此，评论器的预测是无穷的，它可以是非常大的正负值，这是通过 1-Lipschitz 约束实现的。

3.5.2 实现 1-Lipschitz 约束

在 Wasserstein 距离损失中提到的数学假设是 1-Lipschitz 函数。如果评论器 $D(x)$满足以下不等式，则称其为 1-Lipschitz：

$$\left|D(x_1)-D(x_2)\right| \leqslant \left|x_1-x_2\right| \tag{3-11}$$

对于两个图像 x_1 和 x_2，它们评论器的输出差的绝对值必须小于或等于它们的平均像素差的绝对值。换句话说，对于不同的图像，评论器的输出不应该有太大的差异——无论是真图像还是假图像。当 WGAN 被发明出来的时候，作者们想不出一个适当的方法来执行以上不等式。因此，他们想出了一种别的方法，即把评论器的权重削减至一些较小的值，通过这样做，层的输出和最终评论器的输出被限制为一些小的值。在 WGAN 论文中，权重被裁剪到[−0.01, 0.01]范围内。

权重裁剪可以通过两种方法实现，一种方法是编写自定义约束函数，并在实例化新层时使用该函数，如下所示：

```
class WeightsClip(tf.keras.constraints.Constraint):
    def __init__(self, min_value=-0.01, max_value=0.01):
        self.min_value = min_value
        self.max_value = max_value
    def __call__(self, w):
        return tf.clip_by_value(w, self.min,
                                self.max_value)
```

第二种方法是将函数传递给接收约束函数的层，如下所示：

```
model = tf.keras.Sequential(name='critics')
model.add(Conv2D(16, 3, strides=2, padding='same',
```

```
                kernel_constraint=WeightsClip(),
                bias_constraint=WeightsClip()))
model.add(BatchNormalization(
                beta_constraint=WeightsClip(),
        gamma_constraint=WeightsClip()))
```

然而，在每个层创建中添加约束代码会使代码看起来臃肿。由于不需要选择被裁剪的图层，因此可以使用一个循环来读取被裁剪的和没有被裁剪的图层，并按如下方式将其写回：

```
for layer in critic.layers:
    weights = layer.get_weights()
    weights = [tf.clip_by_value(w, -0.01, 0.01) for
                w in weights]
    layer.set_weights(weights)
```

这是我们在示例代码中使用的方法。

3.5.3　重组训练步骤

在原始 GAN 理论中，判别器应该在生成器之前得到最优训练，但这在实际中是不可能的；因为当判别器变得更好时，生成器的梯度会消失。现在有了 Wasserstein 损失函数，梯度在任何地方都是可导的，不必担心评论器过于优秀，导致生成器不起作用。

因此，WGAN 中生成器每训练 1 步，评论器需要训练 5 步。为了做到这一点，我们把评论器训练步骤分割成一个单独的函数，然后可以多次循环：

```
for _ in range(self.n_critic):
    real_images = next(data_generator)
    critic_loss = self.train_critic(real_images,
                                    batch_size)
```

此外，我们还需要重新修改生成器训练步骤。在 DCGAN 代码中，我们使用了两个模型——生成器和判别器。为了训练生成器，还要使用梯度带更新权重，所有这些都相当麻烦。现在有另一种实现生成器训练步骤的方法，是将两个模型合并为一个模型，如下所示：

```
self.critic = self.build_critic()
self.critic.trainable = False
```

```
self.generator = self.build_generator()
critic_output = self.critic(self.generator.output)
self.model = Model(self.generator.input, critic_output)
self.model.compile(loss = self.wasserstein_loss,
                   optimizer = RMSprop(3e-4))
self.critic.trainable = True
```

在前面的代码中，通过设置 trainable=False 来冻结评论器，并将其链接到生成器以创建新模型和编译它。然后，可以将评论器设置为可训练的，这不会影响我们已经编译的模型。

使用 train_on_batch() API 来执行单个训练步骤，该步骤将自动执行前向传递、损失计算、反向传播和权重更新：

```
g_loss = self.model.train_on_batch(g_input,
                                   real_labels)
```

练习中，将图像大小调整为 32×32，以便能在生成器中使用更深的层来放大图像。WGAN 生成器的模型总结如图 3.11 所示。

模型：生成器

网络层（类型）	输出形状	参数量
dense_1 (Dense)	(None, 8192)	1056768
batch_normalization_2 (Batch...	(None, 8192)	32768
re_lu (ReLU)	(None, 8192)	0
reshape (Reshape)	(None, 4, 4, 512)	0
up_sampling2d (UpSampling2D)	(None, 8, 8, 512)	0
conv2d_2 (Conv2D)	(None, 8, 8, 256)	3277056
batch_normalization_3 (Batch...	(None, 8, 8, 256)	1024
re_lu_1 (ReLU)	(None, 8, 8, 256)	0
up_sampling2d_1 (UpSampling2...	(None, 16, 16, 256)	0
conv2d_4 (Conv2D)	(None, 16, 16, 128)	819328
batch_normalization_4 (Batch...	(None, 16, 16, 128)	512
re_lu_2 (ReLU)	(None, 16, 16, 128)	0
up_sampling2d_2 (UpSampling2...	(None, 32, 32, 128)	0
conv2d_5 (Conv2D)	(None, 32, 32, 1)	3201

总参数：5190657
可训练参数数量：5173505
不可训练参数数量：17152

图 3.11　WGAN 生成器的模型总结

生成器架构遵循常规设计，通道数量随着特征图的大小加倍而减少。图 3.12 是 WGAN 评论器的模型总结。

模型：评论器

网络层（类型）	输出形状	参数量
conv2d (Conv2D)	(None, 16, 16, 128)	3328
leaky_re_lu (LeakyReLU)	(None, 16, 16, 128)	0
conv2d_1 (Conv2D)	(None, 8, 8, 256)	819456
batch_normalization (BatchNo…	(None, 8, 8, 256)	1024
leaky_re_lu_1 (LeakyReLU)	(None, 8, 8, 256)	0
conv2d_2 (Conv2D)	(None, 4, 4, 512)	3277312
batch_normalization_1 (Batch…	(None, 4, 4, 512)	2048
leaky_re_lu_2 (LeakyReLU)	(None, 4, 4, 512)	0
flatten (Flatten)	(None, 8192)	0
dense (Dense)	(None, 1)	8193

总参数：4111361
可训练参数量：4109825
不可训练参数量：1536

图 3.12　WGAN 评论器的模型总结

WGAN 尽管比 DCGAN 有所改进，但我们发现训练 WGAN 很困难，并且产生的图像质量并不比 DCGAN 好。现在我们将实现一个 WGAN 变体，它具有训练更快、生成图像更清晰的优点。

3.5.4　实施梯度惩罚（WGAN-GP）

正如 WGAN 的作者所说的那样，权重裁剪并不是实施 Lipschitz 约束的理想方式，主要存在两个缺点，分别是容量未充分利用和爆炸/消失梯度。当限制权重时，也限制了评论器的学习能力。结果发现，权重裁剪只会迫使网络学习简单的函数。因此，神经网络的容量没有得到充分利用。其次，裁剪的权重需要小心调整。如果设置得太高，梯度将爆炸，从而违反 Lipschitz 约束；如果设置得太低，梯度将随着网络向后移动而消失。此外，权重裁剪会把梯度推到两个极限，如图 3.13 所示。

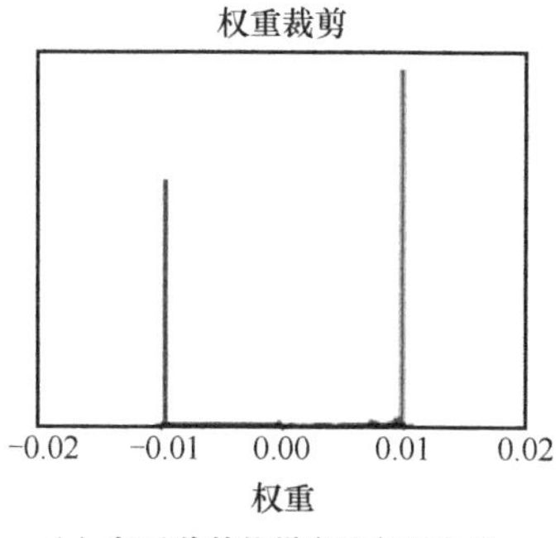

(a) 权重裁剪将梯度推向两个值

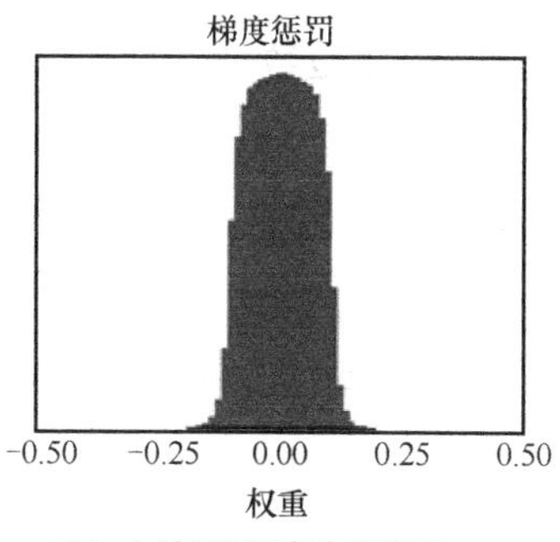

(b) 由梯度惩罚产生的梯度

图 3.13　权重裁剪和梯度惩罚两种情形下的梯度

（来源：I. Gulrajani et al., 2017, Improved Training of Wasserstein GANs）

因此，建议使用梯度惩罚（Gradient Penalty，GP）来代替权重裁剪，以加强 Lipschitz 约束，具体如下：

$$GP = \lambda E_{\hat{x}}\left[\left(\|\nabla_{\hat{x}} D(\hat{x})\|_2 - 1\right)^2\right] \tag{3-12}$$

接下来，我们查看等式中的每个变量，并在代码中实现它们。本练习使用的 Jupyter Notebook 是 ch3_wgan_gp_fashion_mnist.ipynb。

通常用 x 表示真图像，但现在方程中有一个 $\hat{x}$。这种 $\hat{x}$ 是真图像和假图像之间的逐点插值。图像的比例或者 ε 是从[0,1]的均匀分布中得出的：

```
epsilon = tf.random.uniform((batch_size,1,1,1))
interpolates = epsilon*real_images + \
                                (1-epsilon)*fake_images
```

有数学证明“最优评论器包含连接 Pr 和 Pg 耦合点的梯度范数为 1 的直线”，参见 WGAN-GP 论文 *Improved Training of Wasserstein GANs*（参见链接 15）。对于我们的目标而言，可以理解为梯度来自真图像和假图像的混合，不需要分别计算真图像和假图像的惩罚。

术语 $\nabla_{\hat{x}} D(\hat{x})$ 是评论器输出相对于插值的梯度，我们可以再次使用梯度带获得梯度：

```
with tf.GradientTape() as gradient_tape:
    gradient_tape.watch(interpolates)
    critic_interpolates = self.critic(interpolates)
    gradient_d = gradient_tape.gradient(
                                    critic_interpolates,
                                    [interpolates])
```

下一步是计算 L2 范数：

$$\|\nabla_{\hat{x}} D(\hat{x})\|_2 \tag{3-13}$$

把每个值的平方加起来，然后开方，如下所示：

```
grad_loss = tf.square(grad)
grad_loss = tf.reduce_sum(grad_loss,
                          axis=np.arange(1,
                               len(grad)loss.shape)))
graid_loss = tf.sqrt(grad_loss)
```

在执行 tf.reduce_sum()时，我们排除轴上的第一个维度，因为该维度是批量大小。惩罚的目的是使梯度范数接近 1，这是计算梯度损失的最后一步：

```
grad_loss = tf.reduce_mean(tf.square(grad_loss - 1))
```

方程中的 lambda 为梯度惩罚与其他评论器损失的比值，论文中将其设为 10。现在将所有的评价损失和梯度惩罚添加到反向传播和更新权重中：

```
total_loss = loss_real + loss_fake + LAMBDA * grad_loss
gradients = total_tape.gradient(total_loss,
                                self.critic.variables)
self.optimizer_critic.apply_gradients(zip(gradients,
                                self.critic.variables))
```

这就是需要添加到 WGAN 的所有内容，以使其成为 WGAN-GP，但是下面两个步骤需要删除：

- 权重裁剪。
- 评论器中的批量归一化。

梯度惩罚是对每个独立输入的评论器梯度的规范进行惩罚。然而，批量归一化会随着批量统计信息而改变梯度。为了避免这个问题，从评论器中删除了批量归一化，并且发现它仍然可以很好地工作，这已经成为 GAN 的一种常见做法。除批量归一化外，评论器体系结构与 WGAN 相同，如图 3.14 所示。

图 3.15 是经过训练的 WGAN-GP 生成的样本，它们看起来清晰、漂亮，很像 Fashion-MNIST 数据集中的样本。其训练非常稳定，融合速度很快。下一步，我们将在 CelebA 上对 WGAN-GP 进行测试。

模型：评论器

网络层（类型）	输出形状	参数量
conv2d_6 (Conv2D)	(None, 16, 16, 128)	3200
leaky_re_lu_3 (LeakyReLU)	(None, 16, 16, 128)	0
conv2d_7 (Conv2D)	(None, 8, 8, 256)	819200
leaky_re_lu_4 (LeakyReLU)	(None, 8, 8, 256)	0
conv2d_8 (Conv2D)	(None, 4, 4, 512)	3276800
leaky_re_lu_5 (LeakyReLU)	(None, 4, 4, 512)	0
flatten_1 (Flatten)	(None, 8192)	0
dense_2 (Dense)	(None, 1)	8193

总参数：4107393
可训练参数量：0
不可训练参数量：4107393

图 3.14　WGAN-GP 模型总结

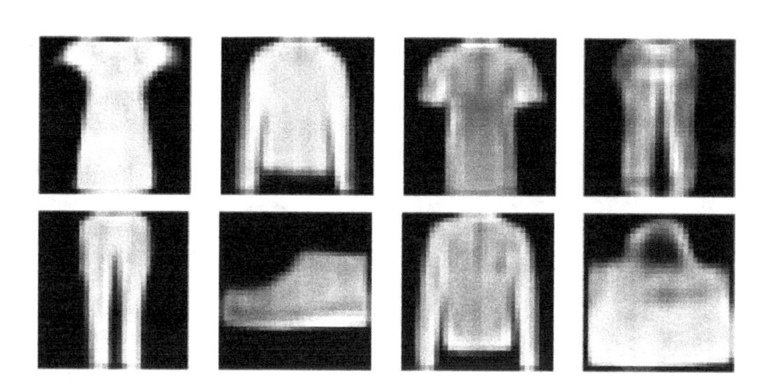

图 3.15　WGAN-GP 生成的样本

3.5.5　调整 CelebA 的 WGAN-GP

下面我们对 WGAN-GP 做一些小的调整，以便在 CelebA 数据集上进行训练。首先，与之前大小为 32 的图像相比，我们使用大小为 64 的更大图像，但需要添加另一级上采样；其次，按照 WGAN-GP 作者的建议，用层归一化代替批量归一化。图 3.16 显示了维数为（N, H, W, C）的张量的不同类型的归一化，其中的符号分别表示批量大小、高度、宽度和通道。

批量归一化计算（N, H, W）上的统计信息，为每个通道生成一个统计信息。相反，层标准化计算一个样本中所有张量的统计信息，即（H, W, C），因此样本之间不相关，这样对图像生成来说效果更好。我们可以用单词“Layer”替换“Batch”

来随时对批量归一化进行替换：

```
model.add(layers.BatchNormalization())
model.add(layers.LayerNormalization())
```

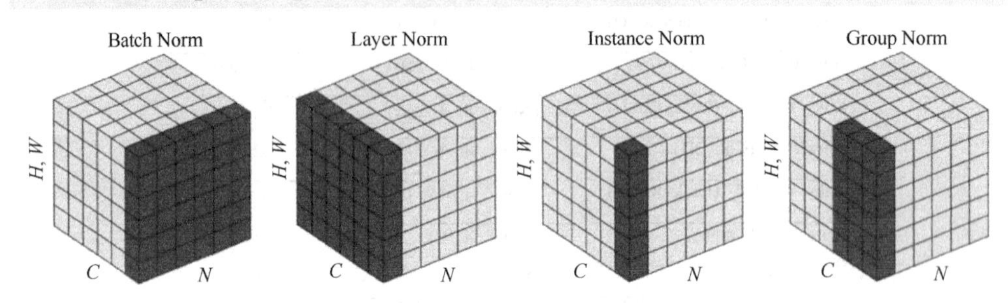

图 3.16　深度学习中使用的不同类型的标准化

（来源：Y. Wu, K. He, 2018,Group Normalization）

该练习使用的 Jupyter Notebook 是 ch3_wgan_gp_celeb_a.ipynb。图 3.17 是 WGAN-GP 生成的图像。虽然由于增加了做梯度惩罚的步骤，导致 WGAN-GP 的训练时间较长，但训练能够更快地收敛。

图 3.17　由 WGAN-GP 生成的名人面孔

与 VAE 相比，它们看起来不太完美，其中部分原因是没有重建损失，这样是为了确保面部特征保留在它们所属的位置。尽管如此，这使得 GAN 更具想象力，结果产生了更多种类的面孔，也未发现有模式崩塌。在训练稳定性方面，WGAN-GP 是 GAN 的里程碑。后续许多 GAN 使用 Wasserstein 损失和梯度惩罚（包括渐进 GAN）生成高分辨率图像，我们将在第 7 章“高保真人脸生成”中详细讨论。

3.6　本章小结

本章包含很多内容。首先，介绍了 GAN 的理论和损失函数，以及如何实现将数学价值函数转换为二元交叉熵损失的代码。然后，使用卷积层、批量归一化层和 leaky ReLU 实现了 DCGAN，使网络更深。然而，GAN 的训练仍然面临挑战，其中包括不稳定性和由于 Jensen-Shannon 发散而容易出现的模式崩塌。这里面的许多问题都是由 WGAN 通过 Wasserstein 距离、权重裁剪和在评论器输出时去除 sigmoid 函数来解决的。其次，WGAN-GP 引入了梯度惩罚来适当强化 1-Lipztschitz 约束，并给出了稳定 GAN 训练的框架。最后，为了在 CelebA 数据集上成功地进行训练，生成各种各样的人脸，将批量归一化改为层归一化。

本书的第 1 篇到此结束。你能走到这一步真是太好了！到目前为止，你已经学习了如何使用一系列不同的生成模型来生成图像，其中包括自回归模型，如第 1 章中的 PixelCNN、第 2 章中的 TensorFlow 图像生成入门、本章中的变分自编码器和 GAN。你现在已经熟悉了分布、损失函数的概念，以及如何构建用于图像生成的神经网络。

有了这个坚实的基础，我们将在本书的第 2 篇中探索一些有趣的应用实例，在那里还将介绍一些高级技术和有趣的应用程序。在下一章中，我们将学习如何使用 GAN 执行图像到图像的翻译。

第2篇

深度生成模型的应用

本篇将介绍一些图像生成模型的有趣应用，包括将马转换成斑马，并使用神经风格迁移将照片转换成艺术画。

这一部分主要包括以下章节：

- 第 4 章　图像到图像的翻译
- 第 5 章　风格迁移
- 第 6 章　人工智能画家

第 4 章　图像到图像的翻译

本书第 1 篇介绍了用 VAE（变分编码器）和 GAN（生成对抗网络）生成逼真的图像。生成模型可以将一些简单的随机噪声转化为复杂分布的高维图像，这个生成过程是无条件的，可以很好地控制要生成的图像。如果以 MNIST（数据集）为例，我们不知道会生成哪个数字，这有点像碰运气。如果能告诉 GAN 我们想让它生成什么不是很好吗？这就是我们将在本章学习的内容。

首先学习构建条件 GAN（conditional GAN，cGAN），它允许指定生成图像的种类，这为以后更复杂的网络打下了基础。然后学习构建称为 pix2pix 的 GAN 来执行图像到图像的翻译，或简称为图像翻译，这将支持许多很酷的应用程序，如将草图转换为真实的图像。在此基础上，构建 CycleGAN，它是对 pix2pix 的改进，可以把马变成斑马，然后再变回马。最后，构建翻译图像质量高且翻译风格多样的 BicycleGAN。本章涵盖以下主题：

- 条件 GAN。
- 使用 pix2pix 进行图像翻译。
- CycleGAN 的非成对图像翻译。
- 用 BicycleGAN 实现图像翻译多样化。

第 4 章将再次使用第 3 章“生成对抗网络”中的代码和网络块，如 DCGAN 的上采样和下采样块。这将允许我们专注于新 GAN 的高级架构，并在本章覆盖更多的 GAN，后三个 GAN 是按时间顺序创建的，并共享许多共同的板块。因此，应按 pix2pix、CycleGAN、BicycleGAN 的顺序阅读，这将比直接跳到 BicycleGAN 开始阅读更有意义，其中 BicycleGAN 是本书迄今为止最复杂的模型。

4.1　技术要求

Jupyter Notebook 可以在链接 16 中找到。

本章使用的 Notebook 如下：

- ch4_cdcgan_mnist.ipynb
- ch4_cdcgan_fashion_mnist.ipynb
- ch4_pix2pix.ipynb
- ch4_cyclegan_facade.ipynb
- ch4_cyclegan_horse2zebra.ipynb
- ch4_bicycle_gan.ipynb

4.2　条件 GAN

生成模型的第一个目标是能够生成高质量的图像，同时，我们希望能够对将要生成的图像进行一些控制。

在第 1 章“开始使用 TensorFlow 生成图像”中学习了条件概率，并使用简单的条件概率模型生成具有特定属性的人脸，该模型通过限制模型仅从具有笑脸的图像中采样来生成笑脸。当我们对某件事设定条件时，这件事总是会出现的，不再是随机概率的变量。还可以看到存在这些条件的概率被设为 1，在神经网络上执行这个条件是很简单的，我们只需要在训练和推理过程中将标签传入网络即可。例如，如果想让生成器生成数字 1，那么除了通常的随机噪声之外，还需要将 1 的标签作为生成器的输入。下面的图展示了第一次引入 cGAN 思想的论文 *Conditional Generative Adversarial Nets* 中的一种实现方法。

在无条件 GAN 中，生成器的输入仅仅是潜在向量 z；在条件 GAN 中，潜在向量 z 与一个 one-hot 编码的输入标签 y 结合，形成一个较长的向量，如图 4.1 所示。

图 4.2 显示了使用 tf.one_hot()的 one-hot 编码。one-hot 编码将标签转换为维数等于类数的向量，这些向量都是零，只有一个特殊位置为 1。一些机器学习框架在向量中使用不同 1 的顺序，例如，类标签 9 被编码为 0000000001，其中 1 在最右边的位置。顺序并不重要，只要它们在训练和推理中被都正确表示即可。这是因为 one-hot 编码只用于表示分类类别，没有实际的意义。

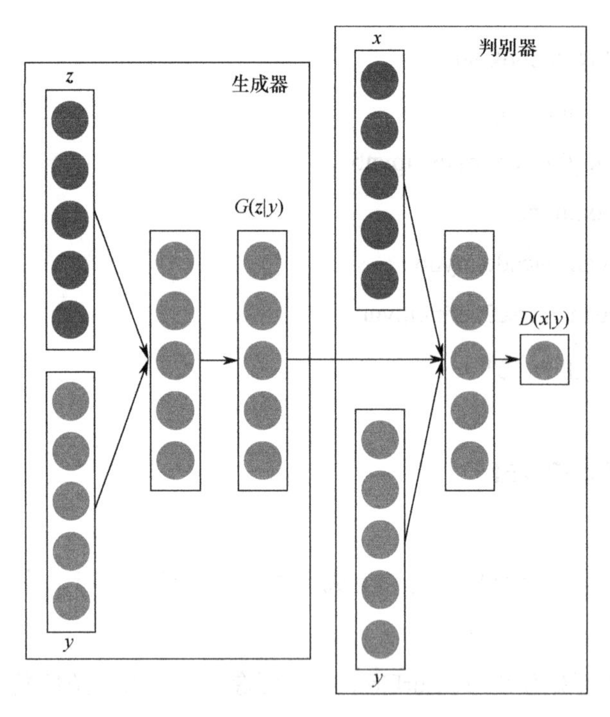

图 4.1　连接标签和输入的条件

（摘自：M.Mirza, S.Osindero, 2014, “Conditional Generative Adversarial Nets”, https://arxiv.org/abs/1411.1784）

类标签	one-hot向量
0	[1,0,0,0,0,0,0,0,0,0]
1	[0,1,0,0,0,0,0,0,0,0]
2	[0,0,1,0,0,0,0,0,0,0]
3	[0,0,0,1,0,0,0,0,0,0]
4	[0,0,0,0,1,0,0,0,0,0]
5	[0,0,0,0,0,1,0,0,0,0]
6	[0,0,0,0,0,0,1,0,0,0]
7	[0,0,0,0,0,0,0,1,0,0]
8	[0,0,0,0,0,0,0,0,1,0]
9	[0,0,0,0,0,0,0,0,0,1]

图 4.2　显示 TensorFlow 中 10 个类的 one-hot 编码的表格

4.2.1　实现条件 DCGAN

现在，在 MNIST 上实现一个有条件的 DCGAN。我们在第 2 章“变分自编码器”中实现了 DCGAN，现在通过添加条件位来扩展网络。本次练习用到的 Notebook 是 ch4_cdcgan_mnist.ipynb。

让我们先看看生成器，第一步是对类标签进行 one-hot 编码。使用 tf.one_hot([1], 10)创建一个(1, 10)的形状，我们需要将其重塑为一维矢量(10)，这样就可以连接潜在向量 *z*：

```
input_label=layers.Input(shape=1,dtype=tf.int32,
                         name='ClassLabel')
one_hot_label=tf.one_hot(input_label,
                         self.num_classes)
one_hot_label=layers.Reshape((self.num_classes,))
                              (one_hot_label)
```

第二步是使用连接层将矢量连接在一起。默认情况下，连接发生在最后一个维度（axis=−1）。因此，将形状为(batch_size,100)的潜在变量与(batch_size,10)的 one-hot 编码的标签连接起来，就会产生一个形状为(batch_size,110)的张量，代码如下：

```
input_z=layers.Input(shape=self.z_dim,
name='LatentVector')
generator_input=layers.Concatenate()([input_z,
one_hot_label])
```

以上就是生成器需要做的更改。我们已经介绍了 DCGAN 架构的细节，在这里不再重复。简单回顾一下，输入经过一个全连接层、几个上采样层和卷积层，生成形状为(32, 32, 3)的图像，详细过程如图 4.3 所示。

下一步是将标签注入判别器中，因为判别器不仅能辨别图像的真伪，还能辨别图像是否正确。

原始的 cGAN 只在网络中使用全连接层，输入图像被平铺并与 one-hot 编码的类标签连接。然而，这在 DCGAN 中并不能很好地工作，因为判别器的第一层是卷积层，需要一个 2D 图像作为输入。如果使用相同的方法，最终将得到 32×32×1+10=1034 的输入向量，而它不能被重塑为 2D 图像。我们需要另一种方法来将 one-hot 向量投影成一个正确形状的张量。实现这个的一种方法是使用一个全连接层将 one-hot 向量映射成形状为(32, 32, 1)的输入图像，并将它与灰度图像连接产生(32, 32, 2)的形状。第一个颜色通道是灰度图像，第二个通道是设计的标签。同样，判别器网络的其余部分不变，模型结构如图 4.4 所示。

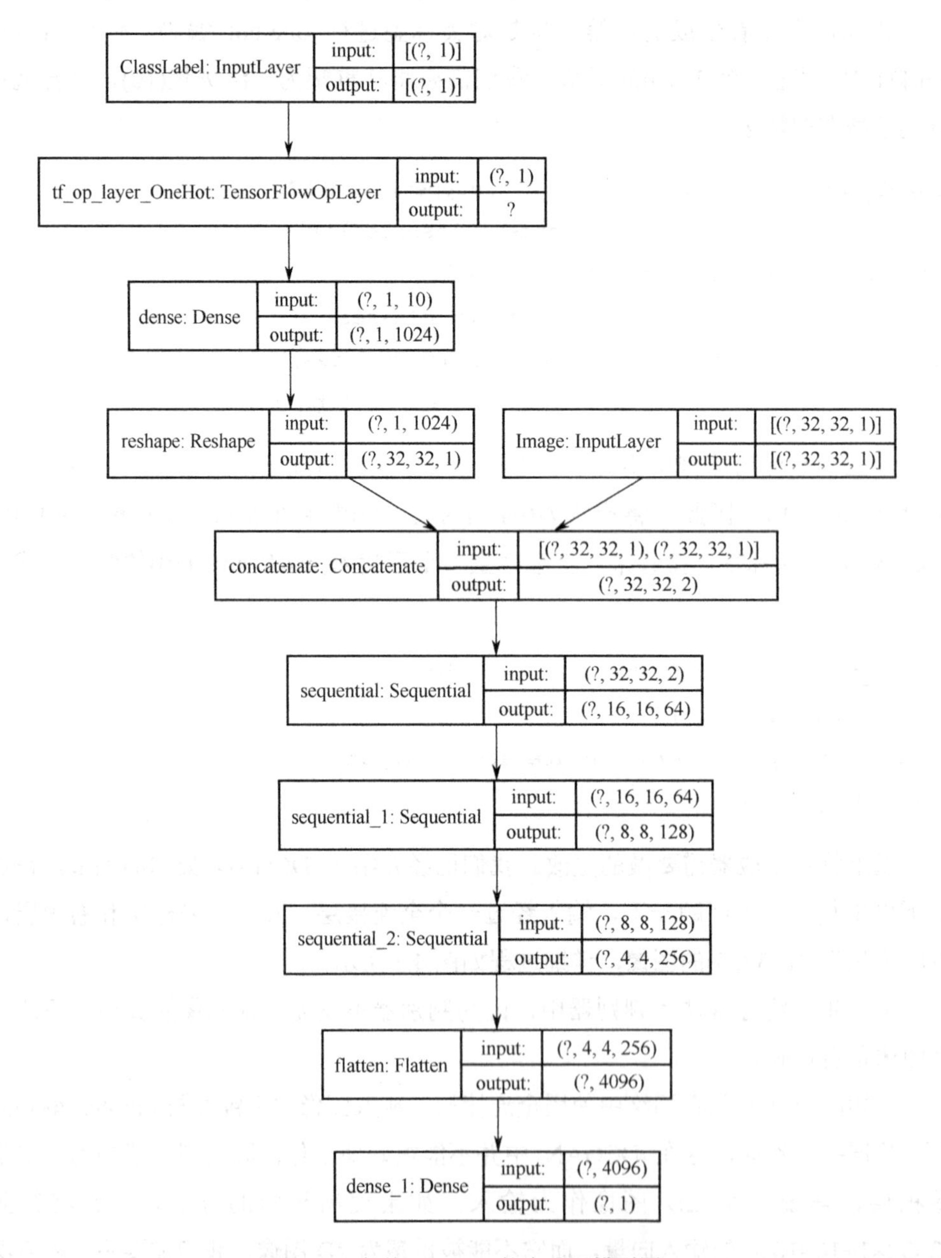

图 4.3 条件 DCGAN 的生成器模型图

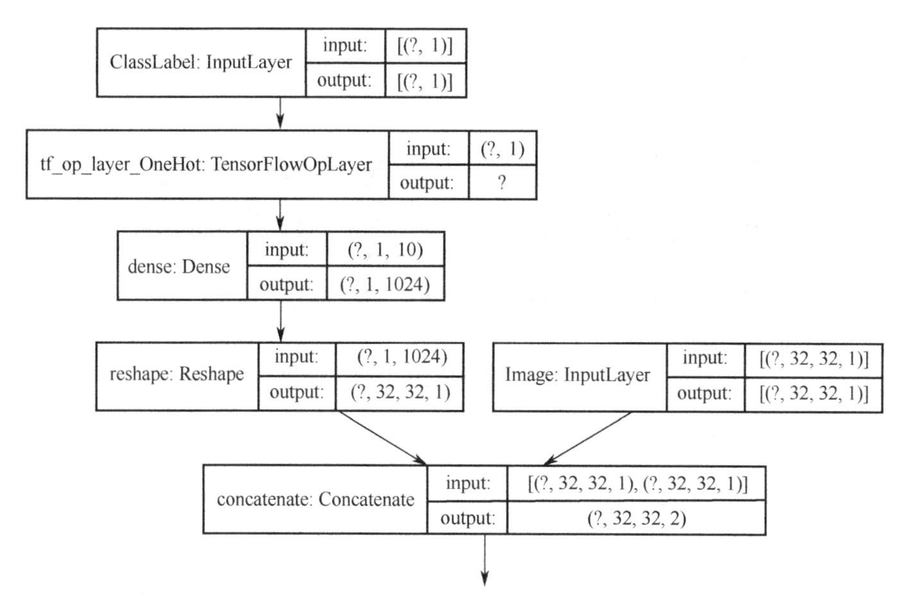

图 4.4　条件 DCGAN 判别器的输入

正如我们所看到的，对判别器网络所做的唯一更改是添加另一条以类标签作为输入的路径。模型训练之前要做的最后一件事是将额外的标签类添加到模型的输入中。为了创建一个具有多个输入的模型，我们传递如下输入层列表：

```
discriminator=Model([input_image,input_label],output]
```

类似地，当执行向前传递时，我们以相同的顺序传递图像和标签列表：

```
pred_real=discriminator([real_images,class_labels])
```

在训练期间，我们为生成器创建如下随机标签：

```
fake_class_labels=tf.random.uniform((batch_size),
                                    minval=0,maxval=10,
                                    dtype=tf.dtypes.int32)
fake_images=generator.predict([latent_vector,
                               fake_class_labels])
```

我们使用 DCGAN 的训练方法和损失函数，图 4.5 是根据 0 到 9 的输入标签生成的数字示例。

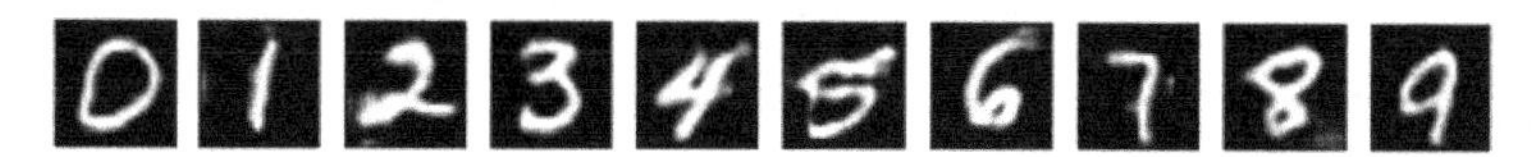

图 4.5　由条件 DCGAN 生成的手写数字

也可以不用做任何变化对 cDCGAN 进行 Fashion-MNIST 的训练，结果样本如图 4.6 所示。

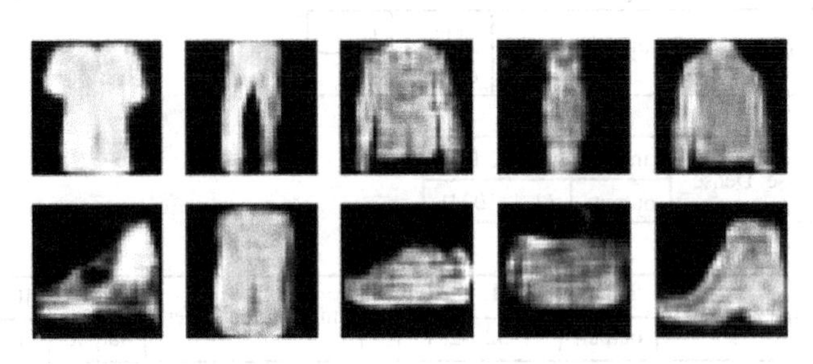

图 4.6　由条件 DCGAN 生成的图像

条件 GAN 在 MNIST 和 Fashion-MNIST 上效果都很好。接下来，看看在 GAN 上应用条件的不同方法。

4.2.2　条件 GAN 的变体

对标签 one-hot 编码，让它通过一个全连接层（用于判别器），再连接到输入层，就实现了条件 DCGAN。该方法实现简单，效果好。下面介绍一些实现条件 GAN 的其他常见方法，并鼓励读者自己尝试编写代码。

1. 使用嵌入层

一种常用的实现方法是用 embedding 层替换 one-hot 编码和全连接层。与全连接层一样，嵌入层以分类值作为输入，输出为向量。换句话说，它和 label→one-hot-encoding→dense 块有相同的输入和输出形状。代码片段如下：

```
encoded_label = tf.one_hot(input_label,self.num_classes)
embedding = layers.Dense(32*32*1,activation=None)\
                                    (encoded_label)
embedding = layers.Embedding(self.num_classes,
                              32*32*1)(input_label)
```

这两种方法产生了相似的结果，但是 embedding 层的计算效率更高，这是因为对于大量的类，one-hot 向量的大小会快速增长。由于词汇量大，嵌入层被广泛应用于词汇编码。对于像 MNIST 这样的小类，计算优势可以忽略不计。

2. 按元素逐个相乘

将潜在向量与输入图像连接，可以增加网络的维数和第一层。除了连接，还可以将标签嵌入与原始网络输入按元素逐个相乘，并保持原始输入形状。这种方法的起源尚不清楚，然而，一些业内专家对自然语言处理任务进行了实验，发现该方法优于 one-hot 编码方法。在图像和嵌入之间按元素逐个相乘的代码片段如下：

```
x=layers.Multiply()([input_image,embedding])
```

将前面的代码与嵌入层结合，结果如图 4.7 所示，就像 ch4_cdcgan_fashion_mnist.ipynb 中所实现的。

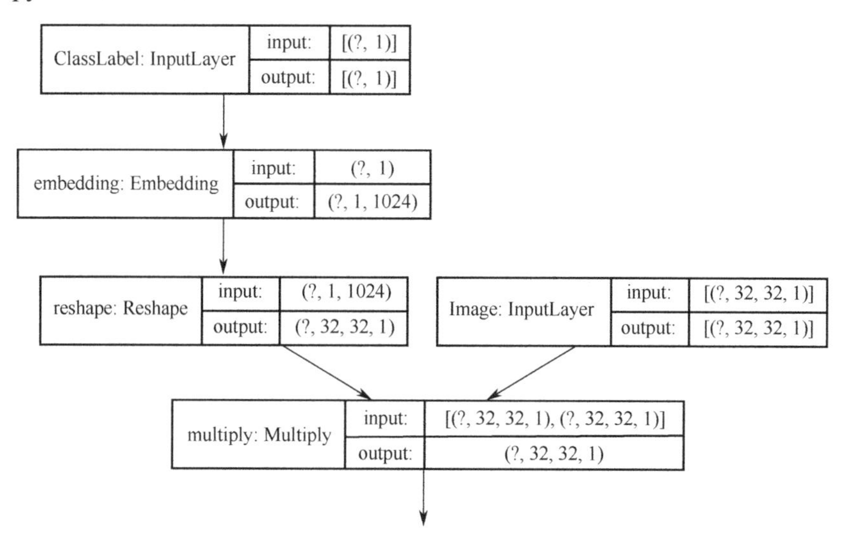

图 4.7　使用嵌入层和元素乘法实现 cDCGAN

接下来，将看到为什么流行在中间层插入标签。

3. 在中间层插入标签

我们可以选择在中间层而不是在网络的第一层插入标签。这种方法对于具有编码器-解码器体系结构的生成器很流行，在这种体系结构中，标签被插入靠近最小维度的编码器末端的一个层中。一些研究人员将插入标签嵌入判别器的输出，大多数的判别器可以集中注意力来判断图像是否看起来真实，最后几层唯一的功能是决定图像是否与标签匹配。

当我们在实现第 8 章“图像生成的自注意力机制”中的高级模型时，将学习如何插入标签、嵌入中间和归一化层。现在我们已经了解了如何使用类标签来生成图像。在本章的其余部分，我们将使用图像作为执行图像到图像翻译的条件。

4.3 使用 pix2pix 进行图像翻译

2017 年 pix2pix 的引入，在学术界和广泛的人群中均引起了不小的轰动。这在一定程度上要归功于一个网站（参见链接 17），该网站把模板放在网上，让人们把他们的草图转换成猫、鞋和包。你也应该尝试一下。图 4.8 所示的截图来自他们的网站，你可以了解一下它是如何工作的。

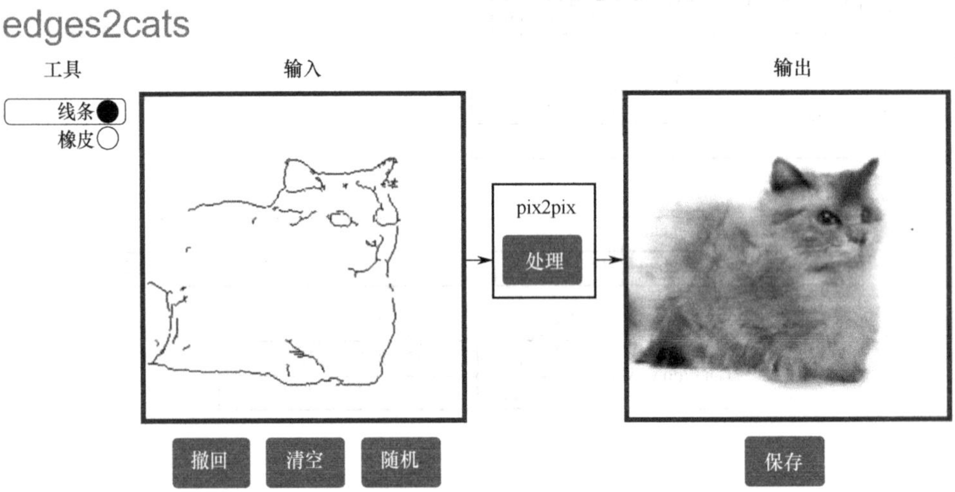

图 4.8　将猫的草图转化为真实图像的应用

（来源：https://affinelayer.com/pixsrv/）

pix2pix 来源于一篇题为 *Image-to-Image Translation with Conditional Adversarial Networks* 的研究论文，从论文的标题可以看出，pix2pix 是一个执行图像到图像翻译的条件 GAN。模型可以被训练用于执行一般的图像平移，但是我们需要有图像对的数据集。如图 4.9 所示的 pix2pix 实现中，把建筑外观的掩码转

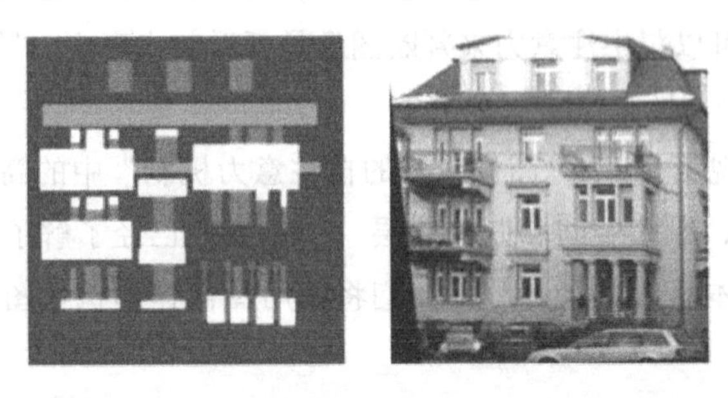

图 4.9　建筑立面的掩码和真实图像

换成逼真的建筑外观。左边的图片显示了一个用作 pix2pix 输入的语义分割掩码示例，其中建筑部件被编码为不同的颜色，右边是目标建筑的真实形象。

4.3.1　丢弃随机噪声

在目前所学到的所有 GAN 中，总是从随机分布中采样作为生成器的输入。我们需要具有随机性，否则生成器将产生确定性输出，无法学习数据分布。pix2pix 通过去除 GAN 中的随机噪声而打破了这一传统，正如作者在 *Image-to-Image Translation with Conditional Adversarial Networks* 论文中指出的那样，他们无法让条件 GAN 处理图像和噪声，因为 GAN 会简单地忽略噪声。所以，作者转而在生成器层中使用随机丢弃来提供随机性，副作用是随机性较小。因此，在输出中几乎看不到变化，而且它们的样式看起来很相似。这个问题可以用 BicycleGAN 解决，稍后会学到。

4.3.2　U-Net 作为生成器

本文使用的 Notebook 是 ch4_pix2px.ipynb。生成器和判别器的结构与 DCGAN 有很大的不同，我们将逐一详细介绍。因为不传入随机噪声，只传入作为条件的输入图像，所以输入和输出都是相同形状的图像，在我们的示例中为(256, 256, 3)。pix2pix 使用 U-Net，这是一种类似于自动编码器的编码器-解码器结构，但在编码器和解码器之间具有跳跃连接。原始 U-Net 的架构图如图 4.10 所示。

在第 2 章“变分自编码器”中知道了自编码器如何向下采样一个高维输入图像到低维潜在变量，然后将它向上采样回到原来的大小。在下采样过程中，图像的高频内容（纹理细节）丢失。因此，恢复后的图像可能会显得模糊。通过跳跃连接将高分辨率的内容从编码器传递给解码器，解码器可以捕获并生成这些细节，使图像看起来更清晰。事实上，U-Net 首先被用于将医学图像翻译为语义分割掩码，这与我们在本章试图做的工作正好相反。

为了使生成器的构造更简单，首先编写一个函数来创建一个下采样块，默认步长为 2。它包括卷积层和可选择的 norm 层、activation 层和 dropout 层，如下所示：

```
def downsample(self,channels,kernels,strides=2,
               norm=True,activation=True,dropout=False):
    initializer = tf.random_normal_initializer(0.,0.02)
```

```
    block=tf.keras.Sequential()
    block.add(layers.Conv2D(channels,kernels,
            strides=strides,padding='same',
            use_bias=False,
            kernel_initializer=initializer))
    if norm:
        block.add(layers.BatchNormalization())
    if activation:
        block.add(layers.LeakyReLU(0.2))
    if dropout:
        block.add(layers.Dropout(0.5))
    return block
```

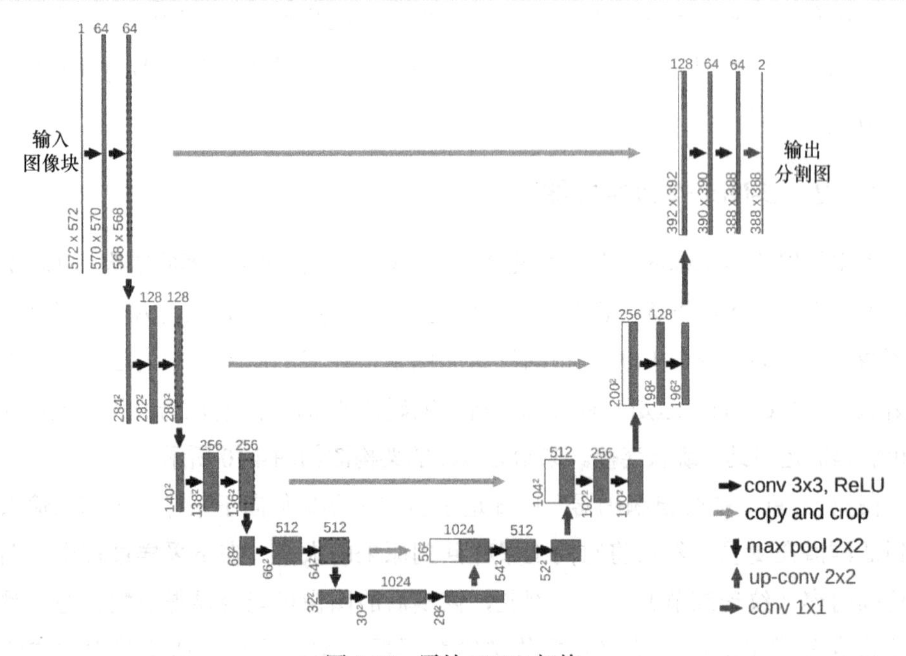

图 4.10　原始 U-Net 架构

（来源：O. Ronneberger et al., 2015, "U-Net: Convolutional Networks for Biomedical Image Segmentation", https://arxiv.org/abs/1505.04597）

upsample 块与之类似，但在 Conv2D 之前有一个额外的 UpSampling2D，步长为 1，如下所示：

```
def upsample(self,channels,kernels,strides=1,
             norm=True,activation=True,dropout=False):
    initializer = tf.random_normal_initializer(0.,0.02)
    block = tf.keras.Sequential()
```

```
    block.add(layers.UpSampling2D((2,2)))
    block.add(layers.Conv2D(channels,kernels,
              strides=strides,padding='same',
              use_bias=False,
              kernel_initializer=initializer))
    if norm:
              block.add(InstanceNormalization())
    if activation:
              block.add(layers.LeakyReLU(0.2))
    if dropout:
              block.add(layers.Dropout(0.5))
    return block
```

首先构造下采样路径，每个下采样块后的特征映射的大小减半，如下所示。重要的是要注意输出形状，因为需要匹配这些向上采样路径的跳跃连接，代码如下所示：

```
input_image = layers.Input(shape=image_shape)
down1 = self.downsample(DIM,4,norm=False)(input_image)#128
down2 = self.downsample(2*DIM,4)(down1)#64
down3 = self.downsample(4*DIM,4)(down2)#32
down4 = self.downsample(4*DIM,4)(down3)#16
down5 = self.downsample(4*DIM,4)(down4)#8
down6 = self.downsample(4*DIM,4)(down5)#4
down7 = self.downsample(4*DIM,4)(down6)#2
```

在上采样路径中，将前一层的输出与下采样路径连接起来，形成上采样块的输入。在前三个层中使用 dropout，如下所示：

```
up6 = self.upsample(4*DIM,4,dropout=True)(down7)#4,4*DIM
concat6 = layers.Concatenate()([up6,down6])
up5 = self.upsample(4*DIM,4,dropout=True)(concat6)
concat5 = layers.Concatenate()([up5,down5])
up4 = self.upsample(4*DIM,4,dropout=True)(concat5)
concat4 = layers.Concatenate()([up4,down4])
up3 = self.upsample(4*DIM,4)(concat4)
concat3 = layers.Concatenate()([up3,down3])
up2 = self.upsample(2*DIM,4)(concat3)
concat2 = layers.Concatenate()([up2,down2])
up1 = self.upsample(DIM,4)(concat2)
```

```
concat1 = layers.Concatenate()([up1,down1])
output_image = tanh(self.upsample(3,4,norm=False,
                                  activation=None)(concat1))
```

生成器的最后一层是 Conv2D，通道大小为 3，以匹配图像通道数。像 DCGAN 一样，将图像归一化到[−1, +1]的范围，使用 tanh 作为激活函数，二元交叉熵作为损失函数。

4.3.3 损失函数

与 DCGAN 一样，pix2pix 的生成器和判别器都使用了二元交叉熵的标准 GAN 损失函数。既然我们有了要生成的目标图像，就可以在生成器中添加 L1 重建损失。本文将重建损失与二元交叉熵的比值设为 100∶1。下面的代码片段展示了如何编译带有损失的组合生成器-判别器：

```
LAMBDA = 100
self.model.compile(loss = ['bce','mae'],
                   optimizer=Adam(2e-4,0.5,0.9999),
                   loss_weights=[1,LAMBDA])
```

bce 代表二元交叉熵损失，mae 代表平均绝对熵损失，或者俗称 L1 损失。

4.3.4 实现 PatchGAN 判别器

研究人员发现 L2 或 L1 损失会导致生成图像模糊，虽然它们不能增加高频的锐度，但它们可以很好地捕捉低频内容。我们可以看到低频信息与图像内容相关，如建筑结构，而高频信息提供风格信息，如建筑外观的细部纹理和颜色。为了捕获高频信息，我们使用了一种名为 PatchGAN 的新型判别器。不要被它的名字所误导，PatchGAN 不是 GAN，而是卷积神经网络（CNN）。

传统的 GAN 判别器会观察整幅图像，判断整幅图像是真还是假。PatchGAN 不是观察整个图像，而是观察图像的局部，因此得名。卷积层的接收域是映射到一个输出点的输入点的个数，换句话说，表示卷积核的大小。对于 $N \times N$ 的核大小，该层的每个输出都被映射到输入张量的 $N \times N$ 像素。

深入网络，下一层会看到更大的输入图像，输出的有效接收域也会增加。PatchGAN 默认设置的有效字段为 70×70。由于严格的填充，原来的 PatchGAN 有一个 30×30 的输出形状，但我们只使用“same”填充来给出 29×29 的输出形状。每个 29×29 图像块查看输入图像中 70×70 图像块的差异和重叠。

换句话说，判别器试图预测每个图像块是真的还是假的。通过放大局部图像块，有助于判别器获取图像的高频率信息。综上所述，使用 L1 重建损失来捕获低频内容，同时使用 PatchGAN 来增强高频细节。

PatchGAN 是一个简单的 CNN，可以使用几个下采样块来实现，如下面的代码所示。使用 A 表示输入（原）图像，B 表示输出（目标）图像。与 cGAN 一样，判别器需要两个输入，即条件（图像 A）和输出图像 B（可以是来自数据集的真实图像，也可以是来自生成器的假图像）。在判别器的开始将两幅图像连接在一起，因此 PatchGAN 同时观察 A（条件）和 B（输出图像或假图像），以判断它是真还是假。代码如下：

```
def build_discriminator(self):
    DIM=64
    model=tf.keras.Sequential(name='discriminators')
    input_image_A=layers.Input(shape=image_shape)
    input_image_B=layers.Input(shape=image_shape)
    x=layers.Concatenate()([input_image_A,
                            input_image_B])
    x=self.downsample(DIM,4,norm=False)(x)
    x=self.downsample(2*DIM,4)(x)
    x=self.downsample(4*DIM,4)(x)
    x=self.downsample(8*DIM,4,strides=1)(x)
    output=layers.Conv2D(1,4,activation='sigmoid')(x)
    return Model([input_image_A,input_image_B],output)
```

判别器模型结构如图 4.11 所示。

模型：判别器

网络层（类型）	输出形状	参数量	连接至
input_1 (InputLayer)	[(None, 256, 256, 3)	0	
input_2 (InputLayer)	[(None, 256, 256, 3)	0	
concatenate (Concatenate)	(None, 256, 256, 6)	0	input_1[0][0] input_2[0][0]
sequential (Sequential)	(None, 128, 128, 64)	6144	concatenate[0][0]
sequential_1 (Sequential)	(None, 64, 64, 128)	131328	sequential[0][0]
sequential_2 (Sequential)	(None, 32, 32, 256)	524800	sequential_1[0][0]
sequential_3 (Sequential)	(None, 32, 32, 512)	2098176	sequential_2[0][0]
conv2d_4 (Conv2D)	(None, 29, 29, 1)	8193	sequential_3[0][0]

总参数：2768641
可训练参数量：2768641
不可训练参数量：0

图 4.11　判别器模型结构

注意，输出层的形状为(29, 29, 1)。因此，将创建与输出形状匹配的标签，如下所示：

```
real_labels = tf.ones((batch_size,self.patch_size,
                       self.patch_size,1))
fake_labels = tf.zeros((batch_size,self.patch_size,
                       self.patch_size,1))
fake_images  = self.generator.predict(real_images_A)
pred_fake =  self.discriminator([real_images_A,
                       fake_images])
pred_real = self.discriminator([real_images_A,
                       real_images_B])
```

现在我们准备训练 pix2pix。

4.3.5　训练 pix2pix

众所周知，由于 pix2pix 的使用，批量归一化不再利于图像生成，因为来自批处理图像的统计数据往往会使生成的图像看起来更相似、更模糊。pix2pix 的作者注意到，当批量大小设置为 1 时，生成的图像看起来更好。当批量大小为 1 时，批量归一化成为实例归一化的一种特殊情况，但后者可以应用于任何批量大小。回顾一下归一化，对于形状为(N, H, W, C)的图像批处理，批量归一化使用整个(N, H, W)维度的统计数据，而实例归一化使用(H, W)维度的单个图像的统计数据，这可以防止从其他图像中获取统计信息。

因此，为了得到好的结果，可以使用批处理大小为 1 的批量归一化，或者用实例归一化代替它。编写本文时，实例归一化还不能作为标准的 Keras 层使用，也许除了图像生成之外，它还没有得到主流应用。然而，实例归一化可以从 tensorflow_addons 模块中获得。从模块导入后，它可以临时替代批量归一化：

```
from tensorflow_addons.layers import InstanceNormalization
```

我们使用 DCGAN 的方法训练 pix2pix，与 DCGAN 相比，训练 pix2pix 非常容易。这是因为覆盖输入图像的概率分布比来自随机噪声的概率分布要窄。图 4.12 中的图像是经过 100 个 epoch 训练后的图像样本。左边的图像是分割蒙版，中间的图像是真实图像，右边是生成的图像。

由于重建损失的权重较大（lambda=100），pix2pix 生成的图像能够正确捕获图像内容。例如，门和窗几乎总是在正确的位置和正确的形状。然而，它缺乏风格的变化，因为生成建筑的窗户大多是相同的颜色和风格，这是由于模型中没有前面提到的随机噪声，作者也承认了这一点。然而，pix2pix 开启了使用 GAN 进行图像到图像翻译的大门。

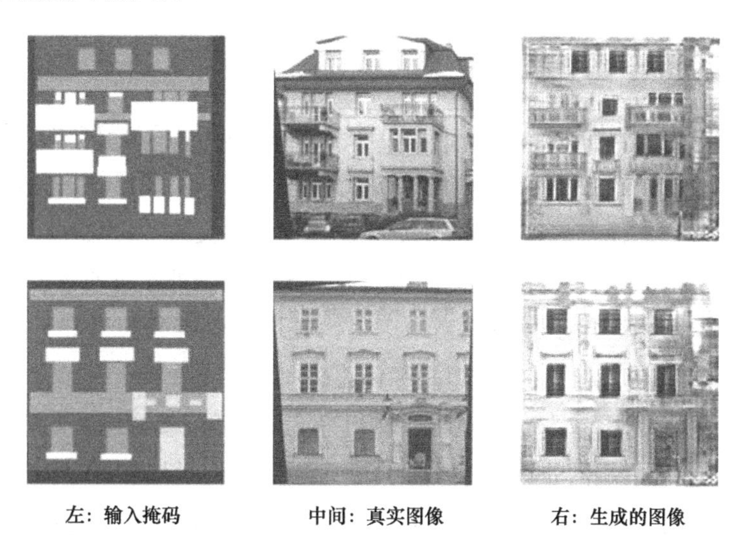

图 4.12　经过 100 次训练后 pix2pix 生成的图像

4.4　CycleGAN 的非成对图像翻译

CycleGAN 的发明者和 pix2pix 的发明者是同一个研究小组。CycleGAN 可以使用两个发生器和两个判别器对非成对的图像进行训练。然而，只要理解循环一致性损失是如何工作的，使用 pix2pix 作为基础，CycleGAN 实际上很容易实现。在此之前，让我们在下面的小节中了解 CycleGAN 相对于 pix2pix 的优势。

4.4.1　未配对的数据集

pix2pix 的一个缺点是它需要成对的训练数据集。对于某些应用程序，可以很容易地创建数据集。使用 OpenCV 或 Pillow 等图像处理软件库，可能最容易创建灰度到彩色的图像数据集，反之亦然。同样，我们也可以使用边缘检测技术从真实图像轻松地创建草图。对于一个从照片到艺术绘画的数据集，可以使用神经风格迁移（将在第 5 章“风格迁移”中介绍）从真实图像创建艺术绘画。然而，有一些数据集是不能自动化的，如日景夜景。有些必须手动标记，这样代价太高，例如，用于构建建筑立面的分割掩码。然后，有些图像对根本不可能被收集或创建，如马到斑马的图像翻译。这就是 CycleGAN 的优势所在，因为它不需要成对的数据。CycleGAN 可以在未配对的数据集上训练，然后在任意方向上翻译图像。

4.4.2 循环一致性损失

在生成模型中，生成器从域 A（原）转换到域 B（目标），例如，从橘子转换到苹果。通过对来自 A（橙色）的图像进行条件设置，生成器创建像素分布为 B（苹果）的图像。然而，这并不能保证这些图像以有意义的方式配对。

我们用语言翻译作为一个类比，假设你是一个在国外旅游的游客，让一个当地人帮你把一个英语句子翻译成当地语言，她用一个听起来很好听的句子回答你。好吧，听起来确实很真实，但是翻译正确吗？你走在街上，请另一个人用英语解释这句话。如果译文与你的英语原文相符，那么我们就知道译文是正确的。

CycleGAN 用了相同的概念，采用了一个转换循环，以确保在两个方向上的映射都是正确的。图 4.13 描述了 CycleGAN 的架构，它在两个生成器之间形成一个循环，图中实线表示正向循环的流程，虚线表示块之间的整体连接路径。

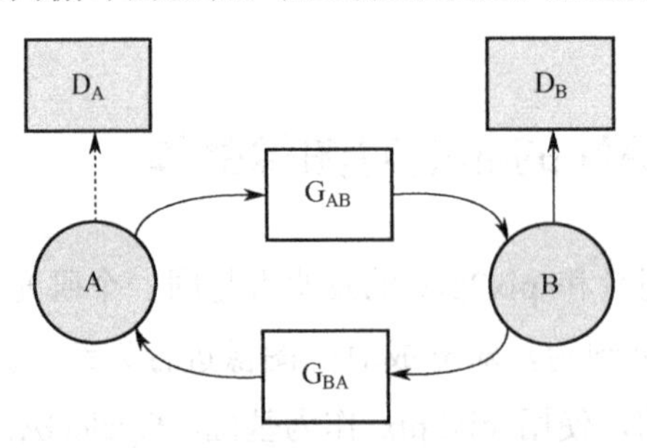

图 4.13 CycleGAN 的架构

图 4.13 中，图像域 A 在左边，域 B 在右边，其工作流程描述如下：G_{AB} 是一个从 A 转换到伪图像 B 的生成器，生成的图像进入判别器 D_B，这是标准的 GAN 数据路径；接下来，通过 G_{BA} 将伪图像 B 转换回域 A，完成前向路径；此时，有一个重建图像 A，如果平移很完美，那么它应该看起来与原图像 A 相同。

CycleGAN 中会用到循环一致性损失，这是原图像和重建图像之间的 L1 损失。类似地，对于反向路径，通过从域 B 平移到域 A 来开始循环。训练中分别用来自域 A 和域 B 的两幅图像来显示 CycleGAN，它执行前向和后向路径来学习双向翻译。我们看看如何在 ch4_cyclegan_facade.ipynb 文件本中从头开始实现

CycleGAN。CycleGAN 还使用了所谓的 identity 损失函数，相当于 pix2pix 的重建损失。G_{AB} 将图像 A 转换为伪图像 B，而前向 identity 损失函数为伪图像 B 与真实 B 之间的 L1 距离。同样，在反方向上也存在后向 identity 损失函数。使用 facades 数据集，identity 损失函数的权重应该设置较小值。这是因为这个数据集中的一些真实图像有部分图像被涂黑。这个数据集旨在让机器学习算法猜测缺失的像素。因此，我们使用一个低权重来防止网络停止转换。

4.4.3　构建 CycleGAN 模型

下面开始构建 CycleGAN 的判别器和生成器，与 pix2pix 一样，该判别器是 PatchGAN，但有两个变化。首先，判别器只看到自己域中的图像，因此只有一幅图像输入判别器中，而不是同时输入 A 和 B 的图像。也就是说，判别器只需要在自己域中判断图像的真伪。

其次，从输出层中移除 sigmoid。这是因为 CycleGAN 使用了一种不同的对抗损失函数，称为最小二乘损失。在本书中还没有涉及 LSGAN（Least SquaresGAN，最小二乘 GAN），但只要知道这种损失比对数损失更稳定就足够了，可以使用 Keras 均方损失（MSE）函数来实现它。我们用以下常规的训练步骤来训练判别器：

```
def build_discriminator(self):
    DIM = 64
    input_image = layers.Input(shape=image_shape)
    x = self.downsample(DIM,4,norm=False)(input_image)#128
    x = self.downsample(2*DIM,4)(x)#64
    x = self.downsample(4*DIM,4)(x)#32
    x = self.downsample(8*DIM,4,strides=1)(x)#29
    output = layers.Conv2D(1,4)(x)
```

对于生成器，原始的 CycleGAN 使用了一个残差块来提高性能，但我们将使用 pix2pix 中的 U-Net，因此我们可以更多地关注 CycleGAN 的高层架构和训练步骤。

现在，实例化两对生成器和判别器：

```
self.discriminator_B = self.build_discriminator()
self.discriminator_A = self.build_discriminator()
self.generator_AB = self.build_generator()
self.generator_BA = self.build_generator()
```

CycleGAN 的核心是实现组合模型来训练生成器。我们需要做的是遵循架构图（图 4.13）中的箭头，将域 A 输入生成器中，生成一个假图像，然后返回判别器，如下所示：

```
image_A = layers.Input(shape=input_shape)
image_B = layers.Input(shape=input_shape)
# forward
fake_B = self.generator_AB(image_A)
discriminator_B_output = self.discriminator_B(fake_B)
reconstructed_A = self.generator_BA(fake_B)
# backward
fake_A = self.generator_BA(image_B)
discriminator_A_output = self.discriminator_A(fake_A)
reconstructed_B = self.generator_AB(fake_A)
# identity
identity_B = self.generator_AB(image_A)
identity_A = self.generator_BA(image_B)
```

最后一步是用这些输入和输出创建一个模型：

```
self.model = Model(inputs=[image_A,image_B],
outputs=[discriminator_B_output,
discriminator_A_output,
reconstructed_A,
reconstructed_B,
identity_A,identity_B
])
```

然后，需要给模型分配正确的损失和权重。如前所述，使用 mae（L1 损失）作为周期一致性损失，mse（均方误差）作为对抗损失，如下所示：

```
self.LAMBDA = 10
self.LAMBDA_ID = 5
self.model.compile(loss = ['mse','mse','mae','mae',
                           'mae','mae'],
                   optimizer = Adam(2e-4,0.5),
                   loss_weights=[1,1,
                           self.LAMBDA,self.LAMBDA,
                           self.LAMBDA_ID,
                           self.LAMBDA_ID])
```

在每个训练步骤中，首先从由 A 到 B 和由 B 到 A 两个方向训练两个判别器。train_discriminator()函数包括使用假图像和真图像的训练，如下所示：

```
# train discriminator
d_loss_AB = self.train_discriminator("AB",real_images_A,
                                      real_images_B)
d_loss_BA = self.train_discriminator("BA",real_images_B,
                                      real_images_A)
```

接下来训练生成器，输入为真实图像 A 和 B。对于标签，第一对为真/假标签，第二对为循环重建图像，最后一对为 identity 损失函数，如下所示：

```
# train generator
combined_loss = self.model.train_on_batch(
                    [real_images_A,real_images_B],
                    [real_labels,real_labels,
                    real_images_A,real_images_B,
                    real_images_A,real_images_B
                ])
```

现在可以开始训练了。

4.4.4　分析 CycleGAN

图 4.14 是 CycleGAN 生成的建筑立面中的一些内容。

图 4.14　由 CycleGAN 生成的建筑图

虽然它们看起来不错，但不一定比 pix2pix 更好。CycleGAN 与 pix2pix 相比，强度在于其在未配对数据上训练的能力。为了测试这一点，我们创建了 ch4_cyclegan_horse2zebra.ipynb，用没有配对的马和斑马的图像训练它。很明显，用未配对的图像训练要困难得多。因此，享受尝试的乐趣吧！图 4.15 中的图片展示了马和斑马之间的图像翻译。

图 4.15 马和斑马之间的图像翻译

（来源：J-Y.Zhu et al.,"Unpaired Image-to-Image Translation Using Cycle-Consistent AdversarialNetworks", https://arxiv.org/abs/1703.10593）

pix2pix 和 CycleGAN 是许多人使用的流行 GAN。然而，它们都有一个缺点，就是图像输出看起来几乎总是一样的。例如，如果要进行斑马到马的转换，马的肤色总是相同的。这是由于 GAN 的固有特性，它学会了拒绝噪声的随机性。在下一节中，来看看 BicycleGAN 如何解决这个问题。

4.5 用 BicycleGAN 实现图像翻译多样化

pix2pix 和 CycleGAN 都来自加州大学伯克利分校的人工智能研究（BAIR）实验室，非常受大家欢迎，网上有很多关于它们的教程和博客，包括在官方 TensorFlow 网站上。在作者看来，BicycleGAN 是该研究小组从图像到图像翻译三部曲中的最后一部，但在网上并没有找到很多示例代码，这可能是由于它太复杂。

为了在本书中建立目前为止最先进的网络，我们把在这一章和接下来的两章中的所有知识都加进来。也许这就是为什么它被许多人认为是先进的。别担心，你已经具备了所有的必备知识。让我们开始吧！

4.5.1 理解体系结构

在直接实现之前，有必要了解关于 BicycleGAN 的概述。从名字上看，可能会自然而然地认为 BicycleGAN 是 CycleGAN 的升级版，增加了一个 cycle（从 unicycle 到 bicycle）。不，不是这样的！它和 CycleGAN 没有关系，它是对 pix2pix 的改进。

如前所述，pix2pix 是一对一映射，其中对于给定的输入输出总是相同的。作者试图在生成器输入中添加噪声，但生成器忽略了噪声，无法输出不同的图像。因此，他们寻找了一种方法，使得生成器不忽略噪声，可使用噪声来生成多样化的图像，所以可以采用一对多映射的方法。

图 4.16 中，可以看到与 BicycleGAN 相关的各种模型和配置。图（a）是推理的配置，其中图像 A 与输入噪声相结合生成图像 B。除了图像 A 与噪声之间的角色互换外，这本质上是本章开头的 cGAN。在 cGAN 中，噪声起主导作用，有 100 个尺寸和 10 个等级标签的条件。在 BicycleGAN 中，图像 A 的形状为(256, 256, 3)，而从潜在变量 z 采样的噪声维数为 8。图（b）为 pix2pix+噪声的训练配置。图（c）和图（d）是 BicycleGAN 使用的两种配置，我们很快就会看到。

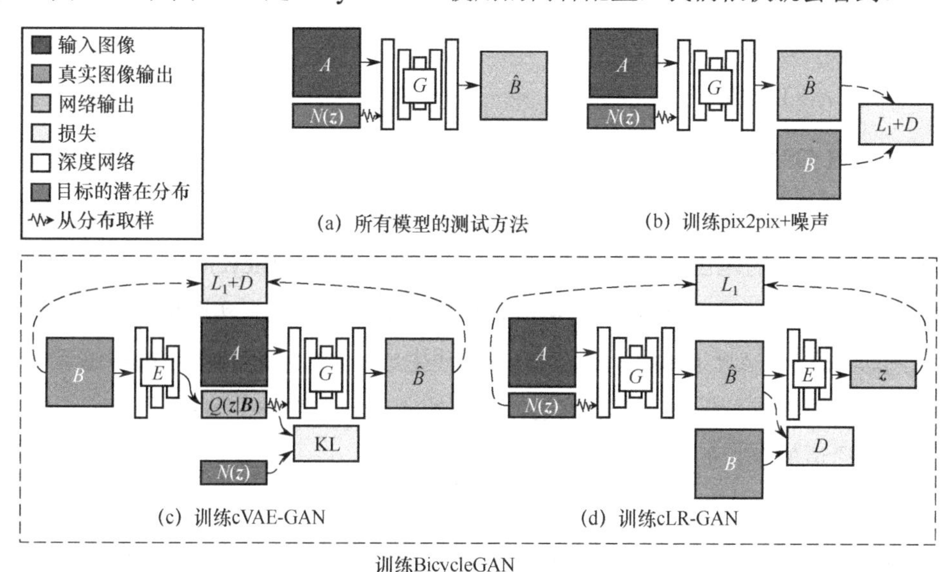

图 4.16 BicycleGAN 内的模型

（来源：J-Y. Zhu, "Toward Multimodal Image-to-Image Translation", https://arxiv.org/abs/1711.11586）

BicycleGAN 的主要概念是找到潜在代码 z 和目标图像 B 之间的关系，所以当给定一个不同 z 时，生成器可以通过学习来生成一个不同的图像 B。BicycleGAN 结合了 cVAE-GAN 和 cLR-GAN 两种方法，如图 4.16 所示。

1. cVAE-GAN

让我们回顾一下 VAE-GAN 的一些背景。VAE-GAN 的作者认为 L1 损失并不是衡量图像视觉感知的一个好的指标。如果图像向右移动几像素，它对人眼来说可能没有什么不同，但可能会导致较大的 L1 损失。为什么不让网络学习什么是合适的目标函数呢？实际上，他们使用 GAN 的判别器来学习目标函数，以判断假图像看起来是否真实，并使用 VAE 作为生成器。因此，生成的图像显得更清晰。如果在图 4.16（c）中忽略图像 A，则是一个 VAE-GAN；但如果把图像 A 作为条件，它就变成了有条件的 cVAE-GAN。训练步骤如下。

（1）VAE 将真实图像 B 编码为多元高斯均值和对数方差的潜码，然后对其进行采样，生成噪声输入。此流程是 VAE 的标准工作流程。请参阅第 2 章“变分自编码器”，可以作为一个复习。

（2）将图像 A 作为条件，利用从潜在向量 z 中采样的噪声来生成虚假图像 B。

信息流为 $B \rightarrow z \rightarrow \hat{B}$［图 4.16（c）中实线箭头］。有以下三个损失。

- $\mathcal{L}_{\mathrm{GAN}}^{\mathrm{VAE}}$：对抗性损失。
- $\mathcal{L}_{1}^{\mathrm{VAE}}$：L1 重建损失。
- $\mathcal{L}_{\mathrm{KL}}$：KL 发散损失。

2. cLR-GAN

条件潜在回归器 GAN（conditional Latent Regressor GAN，cLR-GAN）背后的理论超出了本书的范围，我们重点讨论如何将其应用于 BicycleGAN。在 cVAE-GAN 中，我们对真实图像 B 进行编码，以提供潜在向量的真实图像并从中抽取样本。然而，cLR-GAN 的做法不同，它首先让生成器从随机噪声中生成假图像 B，然后对假图像 B 进行编码，并观察它如何与输入随机噪声发生偏离。

前向通道的步骤如下：

（1）像 cGAN 一样，随机产生一些噪声，然后与图像 A 连接，生成假图像 B。

（2）使用来自 VAE-GAN 的相同编码器将伪图像 B 编码为潜在向量。

（3）从编码的潜在向量中采样 z，用输入噪声 z 计算点损失。

流程为 $z \rightarrow \hat{}B \rightarrow \hat{z}$［图 4.16（d）中实线箭头］。有以下两方面的损失。

- $\mathcal{L}_{\text{GAN}}$：抗性损失。
- $\mathcal{L}_1^{\text{latent}}$：噪声 $N(z)$和编码平均值之间的 L1 损失。

结合这两种流程，得到了输出和潜在空间之间的双映射循环。BicycleGAN 中的 bi 来自 bijection，这是一个数学术语，指的是一对一的映射，并且是可逆的。在这种情况下，BicycleGAN 将输出映射到一个潜在空间，同样地，从潜在空间映射到输出。全损如下：

$$\text{Bicycle loss} = \mathcal{L}_{\text{GAN}}^{\text{VAE}} + \mathcal{L}_{\text{GAN}} + \lambda\, \mathcal{L}_1^{\text{VEA}} + \lambda_{\text{latent}}\, \mathcal{L}_1^{\text{latent}} + \lambda_{\text{KL}}\, \mathcal{L}_{\text{KL}}$$

其中 λ=10，λ_{latent} =0.5，λ_{latent} =0.01 为默认配置。

现在我们了解了 BicycleGAN 的结构和损失函数，下面可以继续实现它们。

4.5.2　实现 BicycleGAN

在 ch4_bicycle_gan.ipynb 中，BicycleGAN 中有三种类型的网络，分别是发生器、判别器和编码器。我们将再次使用 pix2pix 中的判别器（PatchGAN）和第 2 章“变分自编码器”中 VAE 的编码器。随着输入图像尺寸的增大，编码器被更多的滤波器和更深的层所填充。代码看起来可能略有不同，但本质上概念是一样的。最初的 BicycleGAN 使用了两个 PatchGAN，有效接收域分别为 70×70 和 140×140。

为简单起见，我们只使用一个 70×70 的 PatchGAN，使用单独的 cVAE-GAN 和 cLR-GAN 判别器可以提高图像质量，这意味着总共有四个网络——生成器、编码器和两个判别器。

1. 将潜码插入生成器

作者尝试了两种将潜码插入生成器的方法，一种是与输入图像连接，另一种是将其插入生成器下行采样路径的其他层中，如图 4.17 所示。人们发现前者效果很好，此处我们就采用这个方法。

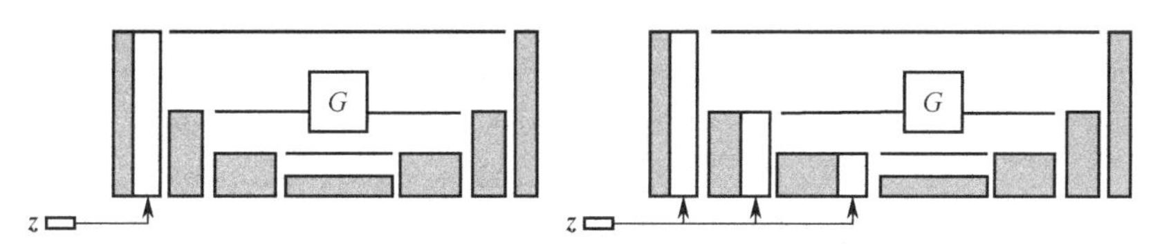

图 4.17　z 插入发生器的不同方式

（摘自：J-Y. Zhu, “Toward Multimodal Image-to-Image Translation”, https://arxiv.org/abs/1711.11586）

正如我们在本章开始时学到的，有几种方法可以连接不同形状的输入和条件。BicycleGAN 的方法是多次重复潜码，并与输入图像连接。

采用具体例子说明，在 BicycleGAN 中，潜码长度为 8。从噪声分布中抽取 8 个样本，每个样本重复 $H \times W$ 次，形成一个形状为$(H, W, 8)$的张量。也就是说，在这 8 个通道中，每个通道的(H, W)特征映射都是由该通道中相同的重复数字组成的。下面是 build_generator()的代码片段，它的功能是将潜码进行平铺，并连接成一列。代码的其余部分与 pix2pix 生成器相同。

```
input_image = layers.Input(shape=image_shape,
                           name='input_image')
input_z = layers.Input(shape=(self.z_dim,),name='z')
z=layers.Reshape((1,1,self.z_dim))(input_z)
z_tiles = tf.tile(z,[self.batch_size,self.input_shape[0],
                     self.input_shape[1],self.z_dim])
x=layers.Concatenate()([input_image,z_tiles])
```

下一步是创建两个模型——cVAE-GAN 和 cLR-GAN，合并网络并创建前向路径通道。

2. cVAE-GAN

下面是为 cVAE-GAN 创建模型的代码，这是前向传递的实现，如前所述。

```
images_A_1=layers.Input(shape=input_shape,
                        name='ImageA_1')
images_B_1=layers.Input(shape=input_shape,
                         name='ImageB_1')
z_encode,self.mean_encode,self.logvar_encode=\
                        self.encoder(images_B_1)
fake_B_encode=self.generator([images_A_1,z_encode])
encode_fake=self.discriminator_1(fake_B_encode)
encode_real=self.discriminator_1(images_B_1)
kl_loss=-0.5*tf.reduce_sum(1+self.logvar_encode-\
                          tf.square(self.mean_encode)-\
                          tf.exp(self.logvar_encode))
self.cvae_gan=Model(inputs=[images_A_1,images_B_1],
                    outputs=[encode_real,encode_fake,
fake_B_encode,kl_loss])
```

模型中包含 KL 发散损失，而不是在自定义损失函数中。这更简单、更有效，因为 kl_loss 可以直接从均值和对数方差中计算出来，而不需要从训练步骤中传入外部标签。

3. cLR-GAN

下面是 cLR-GAN 的实现。需要注意的一点是，对与 cVAE-GAN 分离的图像，*A* 和 *B* 有不同的输入。

```
images_A_2 = layers.Input(shape=input_shape,
                         name='ImageA_2')
images_B_2 = layers.Input(shape=input_shape,
                         name='ImageB_2')
z_random = layers.Input(shape=(self.z_dim,),name='z')
fake_B_random = self.generator([images_A_2,z_random])
_,mean_random,_= self.encoder(fake_B_random)
random_fake = self.discriminator_2(fake_B_random)
random_real = self.discriminator_2(images_B_2)
self.clr_gan = Model(inputs=[images_A_2,images_B_2,
z_random],
                     outputs = [random_real,random_fake,
                     mean_random])
```

现在已经完成了模型的定义，下一步是实现训练步骤。

4. 训练步骤

两个模型一起训练，但使用不同的图像对。因此，在每个训练步骤中，取两次数据，每个模型取一次。有些人是使用创建数据流的方法，将批量大小加载两次，然后将它们分成两部分，如下面的代码片段所示：

```
images_A_1,images_B_1 = next(data_generator)
images_A_2,images_B_2 = next(data_generator)
self.train_step(images_A_1,images_B_1,images_A_2,
                images_B_2)
```

之前，使用了两种不同的方法来执行训练步骤。一种方法是定义和编译带有优化器和损失函数的 Keras 模型，然后调用 train_on_batch()来执行训练步骤。这很简单，并且在定义良好的模型上工作得很好。另外，也可以使用 tf.GradientTape 允许更好地控制梯度并更新。我们已经在模型中使用了这两个函数，其中生成器和

tf 使用了 train_on_batch()，用于判别器的 GradientTape。这样做的目的是让我们熟悉这两种方法，以便当我们需要用底层代码实现复杂的训练步骤时，知道如何去做，现在正是时候。BicycleGAN 有两个模型，它们共用一个生成器和编码器，但是我们使用不同的损失函数组合来更新它们，这使得如果不修改原始设置，train_on_batch 方法是不可使用的。因此，将两个模型的生成器和判别器结合到一个单独的训练步骤中，使用 tf.GradientTape，如下所示。

第一步是执行前向传递并从两个模型中收集输出：

```
def train_step(self,images_A_1,images_B_1,
                    images_A_2,images_B_2):
    z = tf.random.normal((self.batch_size,
                             self.z_dim))
    real_labels = tf.ones((self.batch_size,
                              self.patch_size,
                              self.patch_size,1))
    fake_labels = tf.zeros((self.batch_size,
                              self.patch_size,
                              self.patch_size,1))
    with tf.GradientTape() as tape_e,
        tf.GradientTape() as tape_g,\
        tf.GradientTape() as tape_d1,\
        tf.GradientTape() as tape_d2:
      encode_real,encode_fake,fake_B_encode,\
        kl_loss = self.cvae_gan([images_A_1,
                                    images_B_1])
        random_real,random_fake,mean_random=\
              self.clr_gan([images_A_2,images_B_2,z])
```

接下来，反向传播并更新标识符：

```
self.d1_loss = self.mse(real_labels,encode_real)+\
               self.mse(fake_labels,encode_fake)
gradients_d1 = tape_d1.gradient(self.d1_loss,
               self.discriminator_1.trainable_variables)
self.optimizer_d1.apply_gradients(zip(gradients_d1,
               self.discriminator_1.trainable_variables))
self.d2_loss = self.mse(real_labels,random_real)+\
               self.mse(fake_labels,random_fake)
gradients_d2 = tape_d2.gradient(self.d2_loss,
```

```
            self.discriminator_2.trainable_variables)
self.optimizer_d2.apply_gradients(zip(gradients_d2,
            self.discriminator_2.trainable_variables))
```

然后，根据模型的输出计算损失。与 CycleGAN 类似，BicycleGAN 也使用了 LSGAN 损失函数，即均方误差：

```
self.LAMBDA_IMAGE = 10
self.LAMBDA_LATENT = 0.5
self.LAMBDA_KL = 0.01
self.gan_1_loss = self.mse(real_labels,encode_fake)
self.gan_2_loss = self.mse(real_labels,random_fake)
self.image_loss = self.LAMBDA_IMAGE*self.mae(
                    images_B_1,fake_B_encode)
self.kl_loss = self.LAMBDA_KL*kl_loss
self.latent_loss = self.LAMBDA_LATENT*self.mae(z,
                                      mean_random)
```

最后，对生成器和编码器的权重进行更新。L1 潜在代码损失只用于更新生成器，而不用于更新编码器。研究发现，同时优化它们的损失会使模型隐藏与潜码相关的信息，也不学习有意义的模式。因此，我们分别计算生成器和编码器的损失，并相应地更新权重：

```
encoder_loss = self.gan_1_loss+self.gan_2_loss+\
                    self.image_loss+self.kl_loss
generator_loss = encoder_loss+self.latent_loss
gradients_generator = tape_g.gradient(generator_loss,
                    self.generator.trainable_variables)
self.optimizer_generator.apply_gradients(zip(
                  gradients_generator,
                  self.generator.trainable_variables))
gradients_encoder=tape_e.gradient(encoder_loss,
                  self.encoder.trainable_variables)
self.optimizer_encoder.apply_gradients(zip(
                 gradients_encoder,
                 self.encoder.trainable_variables))
```

现在可以训练 BicycleGAN 了，可以在 Notebook 中选择两个数据集：buildingfacades 或 edgestoshoes。鞋子数据集拥有更简单的图像，因此更容易训练。图 4.18 中的图片来自原始 BicycleGAN 论文。左边的第二个图像是真实图像，右边的四个是生成的图像。

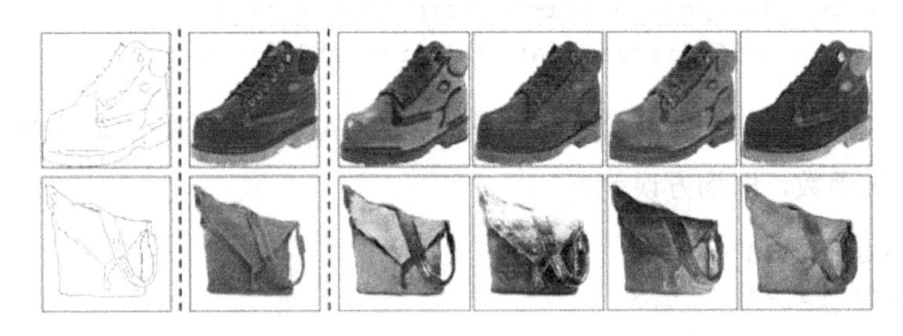

图 4.18　将草图转换为具有各种样式的图像的示例

（来源：J-Y.Zhu,“Toward Multimodal Image-to-Image Translation”）

在这个灰度页面上，可能很难注意到图像之间的差异，因为它们的差异主要体现在颜色上。使用 BicycleGAN 几乎完美地捕捉了鞋子和包的结构，但就细节而言就不太好了。

4.6　本章小结

在本章开始部分，介绍基本的 cGAN 如何将类标签作为生成 MNIST 的条件。实现了两种不同的插入条件的方法，一种是 one-hot 将类标签编码到全连接层，重新塑造它们，以匹配输入噪声的通道尺寸，然后将它们连接在一起；另一种方法是使用嵌入层和逐个元素乘法。

接下来，介绍了如何实现 pix2pix，这是一种用于图像到图像翻译的特殊条件 GAN，它使用 PatchGAN 作为判别器，通过观察图像的小块来识别生成图像中的细微部分或高频成分。还有一种流行的网络架构 U-Net，它已被用于各种应用程序。虽然 pix2pix 可以生成高质量的图像平移，但图像是一对一映射，输出缺乏多样化，这是由于消除了输入噪声。该问题已被 BicycleGAN 克服，它学习了潜码和输出图像之间的映射，这样生成器就不会忽略输入噪声。通过以上内容介绍，使我们离多模态图像翻译又近了一步。

在 pix2pix 和 BicycleGAN 之间的时间轴上，发明了 CycleGAN，它的两个生成器和两个判别器利用周期一致性损失，允许使用未配对数据进行训练。

在本章中，总共实现了四个 GAN，它们并不容易学习，而我们做得很好！第 5 章将讨论风格迁移，它将图像与内容代码和风格代码联系在一起，这对新型 GAN 的发展产生了深远的影响。

第5章 风格迁移

尽管生成模型（如 VAE、GAN）在生成逼真的图像方面非常出色，但我们对潜在变量了解很少，更不用说如何在图像生成方面控制它们了。研究人员开始探索除像素分布外能更好地表示图像的方法，研究发现，图像可以分解为内容和风格。内容描述了图像的构成，比如图像中间的高楼；风格指细节，如墙壁的砖石纹理或屋顶的颜色。在一天内的不同时间显示同一建筑的图像具有不同的色调和亮度，可以被视为具有相同的内容，但风格不同。

本章将开始实施一些神经风格迁移的开创性工作，以转换图像的艺术风格；然后介绍如何实现前馈式神经风格迁移，其速度快很多；接下来运用自适应实例归一化（AdaIN）来执行任意数量的风格迁移。AdaIN 已被纳入一些最先进的 GAN 中，这些 GAN 统称为基于风格的 GAN，包括用于图像翻译的 MUNIT 和 StyleGAN，后者以生成逼真的、高保真的面孔而闻名。本章最后一节介绍它们的架构，这就是基于风格的生成模型的整个演变过程，结尾部分介绍如何实现艺术神经风格迁移，将照片转换为绘画，可以帮助读者很好地理解在高级 GAN 中如何使用风格。

本章主要涵盖以下主题：

- 神经风格迁移。
- 改进风格迁移。
- 实时任意风格转换。
- 基于风格的 GAN 简介。

5.1 技术要求

Jupyter Notebook 和代码可在链接 18 中找到。

本章使用的文件如下：

- ch5_neural_style_transfer.ipynb
- ch5_arbitrary_style_transfer.ipynb

5.2 神经风格迁移

当卷积神经网络（CNN）在 ImageNet 图像分类竞赛中胜过其他所有算法时，人们开始意识到它的潜力，并开始探索将它用于其他计算机视觉任务。在 2015 年 Gatys 等人发表的 *A Neural Algorithm of Artistic Style* 论文中，演示了如何利用卷积神经网络将一幅图像的艺术风格迁移给另一幅图像，示例如图 5.1 所示。

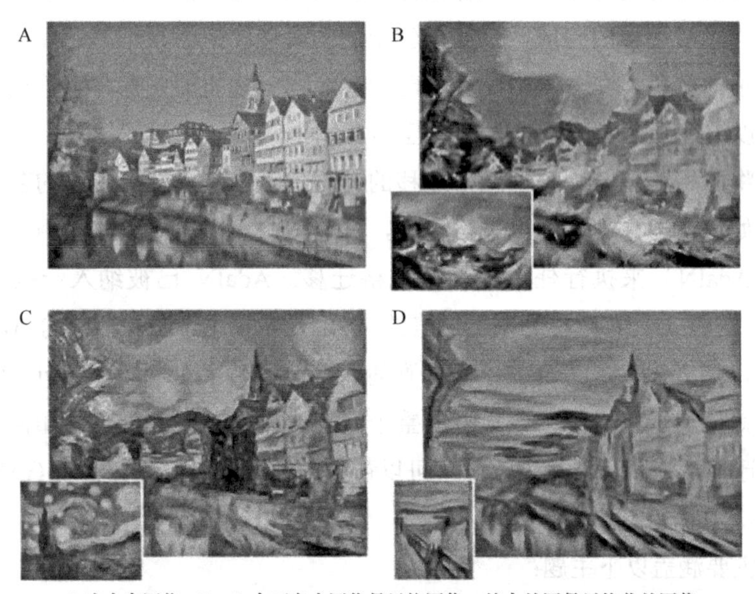

A 为内容图像；B～D 左下角小图像是风格图像，较大的图是风格化的图像

图 5.1　神经风格迁移的示例

（来源：Gatys et al., 2015, “ A Neural Algorithm of Artistic Style”, https://arxiv.org/abs/1508.06576）

与大多数需要大量训练数据的深度学习训练不同，神经风格迁移只需要两幅图像——内容图像和风格图像。可以使用预先训练好的 CNN（如 VGG），将风格从风格图像迁移到内容图像。

图 5.1 中，A 是内容图像，B～D 是风格和风格化图像，迁移结果令人惊讶，让人目瞪口呆！有些人甚至使用这种算法来创作和销售艺术画。有一些网站和应用程序可以让人们上传照片来进行风格转换，而无须了解基本原理和代码。当

然，作为技术人员，我们希望亲自动手实现上述过程。

下面，将从 CNN 提取图像特征开始，研究如何实现神经风格迁移的细节。

5.2.1 利用 VGG 提取特征

与 VGG 一样，分类 CNN 可分为两部分，第一部分是特征提取，主要由卷积层组成；第二部分由几个全连接层组成，这些层给出了类的分数，被称为分类器头。研究发现，在 ImageNet 上预先训练的用于分类任务的 CNN 也可以用于其他任务。例如，如果想为其他只有 10 个类而不是 ImageNet 的 1000 个类的数据集创建分类 CNN，那么可以保留特征提取器，只使用新的分类器头替换旧的，这就是所谓的迁移学习，我们可以将学到的知识转移或重新使用到新的网络或应用程序中。许多用于计算机视觉任务的深度神经网络都有一个特征提取器，可以重新使用权重，也可以从头开始训练，这包括目标检测和姿势估计。

随着网络层越来越深，CNN 越来越多地学习图像内容，而不是详细的像素值。为了更好地理解这一点，我们构建一个网络来重建卷积层可以识别的图像。图像重建的两个步骤如下：

（1）通过 CNN 向前传递图像以提取特征。

（2）使用随机初始化的输入，并通过训练使其重新创建与步骤（1）中的参考特征最匹配的特征。

对第二步需要说明的是，正常的网络训练中输入图像是固定的，使用反向传播的梯度来更新网络权重。

神经风格迁移中，所有的网络层都被冻结，我们使用梯度来改变输入。原始论文使用的是 VGG19，而 Keras 确实有一个可以使用的预先训练过的模型。VGG 的特征提取器由 5 个块组成，每个块的末尾有一个下采样。每个块有 2～4 个卷积层，整个 VGG19 有 16 个卷积层和 3 个全连接层，因此 VGG19 中的数字 19 代表 19 个具有可训练权重的层。VGG 的不同配置如图 5.2 所示。

这部分内容的 Jupyter Notebook 是 ch5_neural_style_transfer.ipynb，这是一种完整的神经风格迁移解决方案。但是，下文中将使用更简单的代码执行风格迁移来重构图像内容。下面是使用预先训练好的 VGG 提取 block4_conv2 的输出层的代码：

ConvNet Configuration					
A	A-LRN	B	C	D	E
11 weight layers	11 weight layers	13 weight layers	16weight layers	16 weight layers	19 weight layers
input(224×224 RGB image)					
conv3-64	conv3-64 **LRN**	conv3-64 **conv3-64**	conv3-64 conv3-64	conv3-64 conv3-64	conv3-64 conv3-64
maxpool					
conv3-128	conv3-128	conv3-128 **conv3-128**	conv3-128 conv3-128	conv3-128 conv3-128	conv3-128 conv3-128
maxpool					
conv3-256 conv3-256	conv3-256 conv3-256	conv3-256 conv3-256	conv3-256 conv3-256 **conv1-256**	conv3-256 conv3-256 **conv3-256**	conv3-256 conv3-256 conv3-256 **conv3-256**
maxpool					
conv3-512 conv3-512	conv3-512 conv3-512	conv3-512 conv3-512	conv3-512 conv3-512 **conv1-512**	conv3-512 conv3-512 **conv3-512**	conv3-512 conv3-512 conv3-512 **conv3-512**
maxpool					
conv3-512 conv3-512	conv3-512 conv3-512	conv3-512 conv3-512	conv3-512 conv3-512 **conv1-512**	conv3-512 conv3-512 **conv3-512**	conv3-512 conv3-512 conv3-512 **conv3-512**
maxpool					
FC-4096					
FC-4096					
FC-1000					
soft-max					

图 5.2　VGG 的不同配置

（来源：K. Simonyan, A. Zisserman, “Very Deep Convolutional Networks For Large-Scale Image Recognition”, https://arxiv.org/abs/1409.1556）

```
vgg = tf.keras.applications.VGG19(include_top=False,
                                   weights='imagenet')
content_layers = ['block4_conv2']
content_outputs = [vgg.get_layer(x).output for x in
```

```
                              content_layers]
model = Model(vgg.input, content_outputs)
```

预先训练的 Keras CNN 模型分为两部分，底部由卷积层组成，俗称特征提取器，顶部是由全连接层组成的分类器头。由于我们只想提取特征，而不关心分类，所以在实例化 VGG 模型时，设置 include_top=False。

VGG 预处理

Keras 预训练模型希望输入像素值在[0,255]范围内的 BGR 的图像。因此，第一步是将颜色通道反转，将 RGB 转换为 BGR。VGG 对不同的颜色通道使用不同的平均值。在 preprocess_input()内部，对 B、G 和 R 通道，分别用 103.939、116.779 和 123.68 减去像素值。

下面是前向传递代码。在图像输入模型返回内容特征之前，首先对图像进行预处理；然后，提取内容特征并使用它们作为目标。

```
def extract_features(image):
     image = tf.keras.applications.vgg19.\
                    preprocess_input(image *255.)
    content_ref = model(image)
    return content_ref
content_image = tf.reverse(content_image, axis=[-1])
content_ref = extract_features(content_image)
```

请注意，图像被归一化为[0,1]，需要乘以 255，将其恢复为[0,255]。然后，创建一个随机初始化的输入，它也将变为风格化的图像。

```
image = tf.Variable(tf.random.normal(
                              shape=content_image.shape))
```

接下来，将使用反向传播从内容特征重建图像。

5.2.2　内容重构

在训练步骤中，向冻结的 VGG 输入一幅图像来提取内容特征，并使用 L2 损失来衡量目标内容特征。下面是计算各特征层 L2 损失的自定义损失函数：

```
def calc_loss(y_true, y_pred):
```

```
    loss = [tf.reduce_sum((x-y)**2) for x, y in
                              zip(y_pred, y_true)]
    return tf.reduce_mean(loss)
```

下面的训练步骤使用 tf.GradientTape()来计算梯度。常规神经网络训练中，梯度作用于可训练变量，即神经网络的权重；然而，神经风格迁移中梯度应用于图像；之后，我们将图像值压缩在[0,1]之间。如下所示：

```
for i in range(1,steps+1):
    with tf.GradientTape() as tape:
        content_features = self.extract_features(image)
        loss = calc_loss(content_features, content_ref)
    grad = tape.gradient(loss, image)
    optimizer.apply_gradients([(grad, image)])
    image.assign(tf.clip_by_value(image, 0., 1.))
```

图 5.3 是训练 1000 步后重建内容的外观。

(a) 原始内容图像

(b) block1_1 的内容

图 5.3　从内容层重建的图像

（来源：https://www.pexels.com/）

可以使用与图层 block1_1 类似的前几个卷积层完美地重建图像，如图 5.4 所示。

当深入图层 block4_1 时，开始丢失一些细节，比如窗框和建筑物上的文字。深入图层 block5_1 时，所有细节都消失了，充满了一些随机噪声。如果仔细看，建筑结构和边缘仍然完好无损，并且在它们应该在的地方。现在只提取了内容，省略了风格。在提取内容特征之后，下一步就是提取风格特征。

(a) block4_1 的内容

(b) block5_1 的内容

图 5.4　从内容层重建的图像

5.2.3　用 Gram 矩阵重建风格

正如我们在风格重建中看到的，特性图，特别是前几个层，包含了风格和内容。那么如何从图像中提取风格特征呢？Gats 等人使用 Gram 矩阵计算不同滤波器响应之间的相关性。假设卷积层 I 输出的激活形状为（H, W, C），其中 H 和 W 是空间维度，C 是通道的数量，等于滤波器数。每个滤波器检测不同的图像特征，它们可以是水平线、对角线、颜色，等等。

当事物有共同特征时，如颜色和边缘，人们就会认为它们有相同的纹理。例如，将草地的图像输入卷积层，检测垂直线和绿色的滤波器在其特征图中产生更大的响应。因此，我们可以利用特征图之间的相关性来表示图像中的纹理。

为了从激活层中创建形状为（H, W, C）的 Gram 矩阵，首先将其重塑为 C 个向量，每个向量都是一个大小为 $H\times W$ 的平面特征映射。对这 C 个向量执行内积以得到对称的 $C\times C$ Gram 矩阵。TensorFlow 中计算 Gram 矩阵的详细步骤如下：

（1）由于批量大小始终为 1，使用 tf.squeeze()删除批量形状中的单维度条目，将其由（1, H, W, C）变成（H, W, C）。

（2）转置张量，使形状从（H, W, C）变换为（C, H, W）。

（3）将最后两个维度压缩为（C, $H\times W$）。

（4）计算特征点积，创建形状为（C, C）的 Gram 矩阵。

（5）通过用矩阵除以每个平面特征图中的点数（$H\times W$）进行归一化。

从单个卷积层激活计算 Gram 矩阵的代码如下：

```
def gram_matrix(x):
    x = tf.transpose(tf.squeeze(x), (2,0,1));
    x = tf.keras.backend.batch_flatten(x)
    num_points = x.shape[-1]
    gram = tf.linalg.matmul(x, tf.transpose(x))/num_points
    return gram
```

可以使用 gram_matrix(x)函数来获得我们指定为风格层的每个 VGG 层的 Gram 矩阵；然后，对目标图像和参考图像的 Gram 矩阵使用 L2 损失。损失函数和代码的其余部分与内容重构相同。创建 Gram 矩阵列表的代码如下：

```
def extract_features(image):
    image = tf.keras.applications.vgg19.\
                    preprocess_input(image *255.)
styles = self.model(image)
     styles = [self.gram_matrix(s) for s in styles]
     return styles
```

不同的 VGG 层的风格特征重构如图 5.5 所示，根据图层 block1_1 重建的风格图像中，内容信息完全消失，仅显示高频率纹理细节。较高的图层 block3_1 显示

(a) 风格图：文森特・凡高的《星夜》

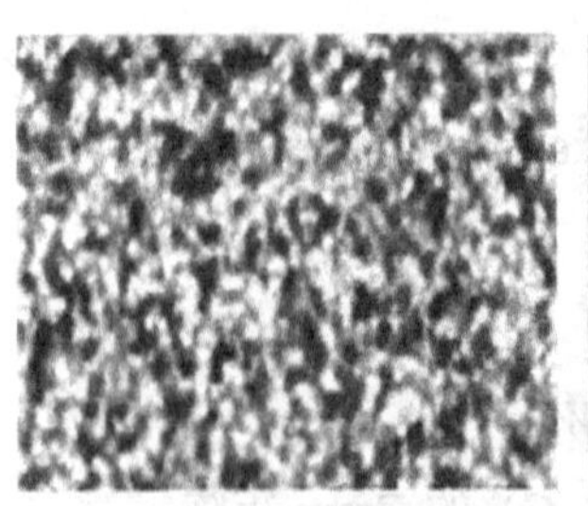

(b) 从 block1_1 中重建的风格

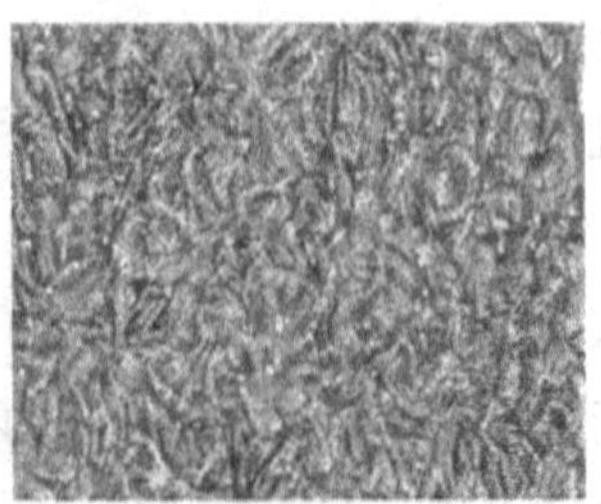

(c) 从 block3_1 中重建的风格

图 5.5 不同的 VGG 层的风格特征重构

了一些卷曲的形状，这些形状似乎捕获了输入图像中的高层次风格。用 Gram 矩阵重建风格时使用的损失函数是误差平方之和而不是均方误差。因此，层次越高的风格层具有越高的内在权重，这允许迁移更高层的风格特征，如同画风一样。如果我们使用均方误差，则诸如纹理之类的低级风格特征在视觉上会更加突出，并且可能看起来像高频噪声。

5.2.4 执行神经风格迁移

现在可以合并来自内容和风格重建的代码，以执行神经风格转换。首先创建模型，提取两个特征块，一个用于内容，另一个用于风格。我们仅使用 1 层 block5_conv1 作为内容，使用从 block1_conv1～block5_conv1 的 5 层来捕获不同层次的风格，如下所示：

```
vgg = tf.keras.applications.VGG19(include_top=False,
      weights='imagenet')
default_content_layers = ['block5_conv1']
default_style_layers = ['block1_conv1',
                        'block2_conv1',
                        'block3_conv1',
                        'block4_conv1',
                        'block5_conv1']
content_layers = content_layers if content_layers else default_
content_layers
style_layers = style_layers if style_layers else default_style_
layers
self.content_outputs = [vgg.get_layer(x).output for x in
content_layers]
self.style_outputs = [vgg.get_layer(x).output for x in style_
layers]
self.model = Model(vgg.input, [self.content_outputs,
                               self.style_outputs])
```

训练循环开始之前，先从各自的图像中提取内容和风格特征作为目标。虽然可以使用随机初始化的输入进行内容和风格重建，但从内容图像开始训练会更快，如下所示：

```
content_ref, _ = self.extract_features(content_image)
_, style_ref = self.extract_features(style_image)
```

然后，我们权衡内容和风格的损失，并将它们相加。代码片段如下：

```
def train_step(self, image, content_ref, style_ref):
  with tf.GradientTape() as tape:
content_features, style_features = \
                                   self.extract_features(image)
content_loss = self.content_weight*self.calc_loss(
                                   content_ref, content_features)
style_loss = self.style_weight*self.calc_loss(
                                       style_ref, style_features)
      loss = content_loss + style_loss
  grad = tape.gradient(loss, image)
  self.optimizer.apply_gradients([(grad, image)])
  image.assign(tf.clip_by_value(image, 0., 1.))
  return content_loss, style_loss
```

图 5.6 是使用不同权重和内容层生成的两个风格化图像。

图 5.6　使用神经风格迁移的风格化图像

你可以随意更改权重和图层，创建自己想要的样式。希望读者现在对内容和风格表示有了更好的理解，这将在探索高级生成模型时派上用场。接下来，探讨改进神经风格迁移的方法。

5.3　改进风格迁移

研究团体和工业界对神经风格迁移非常感兴趣，并在短时间内投入使用。一些人建立了网站，允许用户上传照片进行风格转换，而另一些人则利用网站创建商品进行销售。

后来人们意识到原始神经风格迁移存在一些缺点，并努力对这些缺点进行改进。最大的不足是风格迁移获取所有的风格信息，包括整个风格图像的颜色和画风，并将其迁移到整个内容图像中。使用 5.2 节中的例子，风格图像中的蓝色被迁移到建筑和背景中。如果我们可以选择只迁移画风而不迁移颜色，并且只迁移到喜欢的区域，不是更好吗？

神经风格迁移的主要作者和他的团队提出了一种新的算法来解决这些问题。图 5.7 显示了该算法可以给出的控制和结果示例，图（a）是内容图像，图（b）中天空和地面使用不同风格的图像进行风格化，图（c）中内容图像的颜色保留，图（d）显示了细粒度和粗粒度使用不同风格的图像进行风格化。

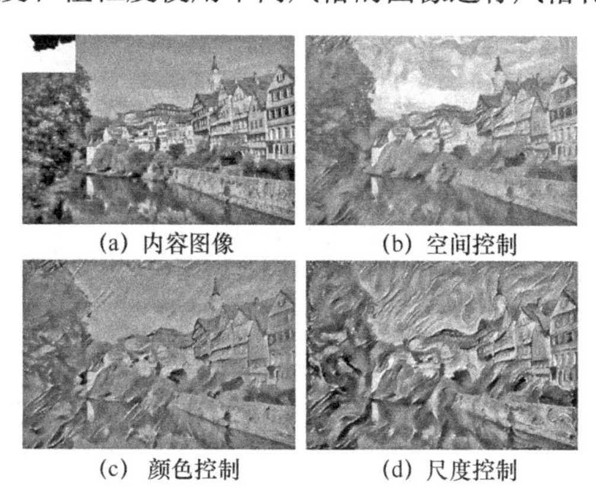

(a) 内容图像　(b) 空间控制

(c) 颜色控制　(d) 尺度控制

图 5.7　神经风格迁移的不同控制方法

（来源：L. Gatys, 2017, “Controlling Perceptual Factors in Neural Style Transfer”, https://arxiv.org/abs/1611.07865）

本书提出的控制措施如下。

- **空间控制**：在内容和风格图像中控制风格迁移的空间位置。这是通过在计算 Gram 矩阵之前对风格特征应用空间掩膜来实现的。
- **颜色控制**：可以用来保存内容图像的颜色。为此，我们将 RGB 格式转换为颜色空间，这样 HCL 将亮度（白度）从其他颜色通道中分离出来，可以把亮度通道看作灰度图像。然后，只在亮度通道中执行风格迁移，将其与原始风格图像的颜色通道合并，从而得到最终的风格化图像。
- **尺度控制**：用于管理画风的颗粒度。这个过程更复杂，因为它需要进行多次风格迁移，选择不同的风格特征层来计算 Gram 矩阵。

这些感知控件有助于创建更符合用户需求的风格化图像。如果您愿意，我将把它作为一个练习留给您来实现这些控制，因为下面还有更重要的事情要做。

以下是与改进风格迁移相关的两大主题，这两大主题对 GAN 的发展产生了重大影响：

- 改进速度。
- 改进风格变化。

让我们了解一下这些发展，为即将实施的下一个项目打下基础——实时执行任意风格转换。

5.3.1 使用前馈网络进行快速风格迁移

神经风格迁移是基于优化的，类似于神经网络训练。神经风格迁移的运行速度很慢，即使使用 GPU，运行也需要几分钟，这限制了它在移动设备上的潜在应用。因此，研究人员努力开发速度更快的风格迁移算法，前馈风格迁移应运而生。图 5.8 显示了采用这种体系结构的首批网络之一。

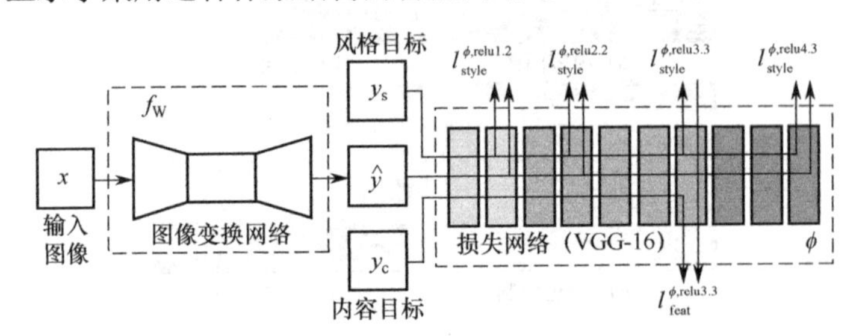

图 5.8　用于风格迁移的前馈卷积神经网络框图

（摘抄：J. Johnson et al., 2016 “Perceptual Losses for Real-Time Style Transfer and Super-Resolution”, https://arxiv.org/abs/1603.08155）

以下体系结构比图 5.8 的框图更容易理解，它有如下两个网络。

- **可训练卷积网络**（通常称为风格迁移网络）：用于将输入图像翻译为风格化图像。这可以作为类似于编码器-解码器的体系结构来实现，就像 U-Net 或 VAE 那样。
- **固定的卷积网络**：通常是预先训练的 VGG，用来衡量内容和风格的损失。

类似于原始的神经风格迁移，首先使用 VGG 提取内容和风格目标。现在，我们不再训练输入图像，而是训练卷积网络将内容图像翻译为风格化图像。通过 VGG 提取风格化图像的内容和风格特征，计算损失并反向传播到可训练卷积网络，像训练普通的前馈式 CNN 那样进行训练。在推理过程中，只需要执行一次前向传递，即可将输入图像翻译为风格化的图像，这比之前快了 1000 倍！

速度问题已经解决，但是还有一个问题——这样的网络只能学习一种风格进行迁移。我们需要为执行的每个风格训练一个网络，这比原始风格迁移灵活得多。后来人们对这一问题展开研究，你可能已经猜到了，这个问题最终得到了解决！下面我们就来讨论这个问题。

5.3.2 不同的风格特征

最初的神经风格迁移论文没有解释为什么 Gram 矩阵作为一种风格特征是有效的。风格迁移的许多后续改进，如前馈风格迁移，继续使用 Gram 矩阵作为风格特征。随着 Y, Li 等人在 2017 年发表了《解密神经风格迁移》（*Demystifying Neural Style Transfer*）论文之后，这种情况发生了改变。研究发现，风格信息本质上是由 CNN 中的激活分布来表示的。已经证明，匹配激活的 Gram 矩阵相当于最小化激活分布的最大平均差异（MMD）。因此，可以通过将图像的激活分布与风格图像的激活分布相匹配来执行风格迁移。

所以，Gram 矩阵不是实现风格迁移的唯一方法，也可以使用对抗性损失。我们回想一下，诸如 pix2pix（第 4 章“图像到图像的翻译”）之类的 GAN 可以通过将生成图像的像素分布与真实（风格）图像相匹配来执行风格迁移。不同之处在于，GAN 试图最小化像素分布中的差异，而风格迁移则将其应用于激活层的分布。

后来，研究人员发现，可以使用激活的均值和方差的基本统计数据来表示风格。换句话说，如果将两个风格相似的图像输入 VGG，它们的激活层将具有相似的均值和方差。因此，我们可以通过最小化生成图像与风格图像之间激活的均值和方差的差异来训练网络实现风格迁移，这使得应用归一化层来控制风格得到了很好的发展。

5.3.3 使用归一化层控制风格

控制激活统计数据的简单而有效的方法是改变归一化层中的 λ 和 β。换句话说，可以通过使用不同的仿射变换参数（λ 和 β）来改变风格。需要注意，批量归一化（BN）和实例归一化（IN）使用同一个方程，如下所示：

$$\mathrm{BN}(x)=\mathrm{IN}(x)=\gamma\left(\frac{x-\mu(x)}{\sigma(x)}\right)+\beta \tag{5-1}$$

不同的是，批量归一化计算（N, H, W）维度的平均值 μ 和标准差 σ，而实例归一化只计算（H, W）维度的平均值 μ 和标准差 σ。然而，每个归一化层只有一个 λ 和 β 对，这限制了网络只能学习一种风格。如何让网络学习多种风格呢？我们可以使用多组 λ 和 β，每组记住一种风格，这正是条件实例归一化（CIN）所做的，它建立在实例归一化的基础上，但有多组 λ 和 β 对，每个 λ 和 β 对应用于训练特定的风格；换言之，它们取决于风格图像。条件实例归一化的方程如下：

$$\mathrm{CIN}(x;S)=\gamma^S\left(\frac{x-\mu(x)}{\sigma(x)}\right)+\beta^S \tag{5-2}$$

假设有 S 个不同风格的图像，然后在每个风格的归一化层中都有 S 个 λ 和 S 个 β。除了内容图像外，还将 one-hot 编码的风格标签输入风格迁移网络。在实际操作中，λ 和 β 是形状为（$S\times C$）的矩阵，将 one-hot 编码的标签（$1\times S$）与矩阵（$S\times C$）做矩阵乘法，得到每个（$1\times C$）通道的 γ^S 和 β^S，从而检索该类型的 γ 和 β。当我们实现代码时更容易理解。然而，当我们使用它来执行类条件归一化时，把对它的实现推迟到第 9 章“视频合成”中，现在介绍条件实例归一化是为 5.4 节做准备。

现在，将风格编码到 λ 和 β 的嵌入空间中，可以通过插值 λ 和 β 来执行风格插值，如图 5.9 所示。可以看出效果很好，但网络仍然局限于在训练中使用的固定不变的 N 种风格。接下来，准备学习并实现一个允许任意样式的改进！

图 5.9　通过插值两种不同风格的 λ 和 β 来组合艺术风格

（来源：V. Dumoulin et al., 2017, “ A Learned Representation for Artistic Style”, https://arxiv.org/abs/1610.07629）

5.4　实时任意风格转换

本节将学习如何实现能够实时执行任意风格迁移的网络。前面已经学习了如何使用前馈网络进行更快的转换，并解决了实时部分；还学习了如何使用条件实例归一化来迁移固定数量的风格。现在，将进一步学习允许任意风格的归一化技术，并且可以在实现代码方面做得很好。

5.4.1　实现自适应实例归一化

与条件实例归一化一样，AdaIN 也是实例归一化，这意味着每个图像与每个通道的均值和标准差是通过（*H*, *W*）维度计算的，而批量归一化是通过（*N*, *H* *W*）维度计算的。在条件实例归一化中，λ 和 β 是可训练的变量，它们学习不同风格所需的均值和方差。在 AdaIN 中，λ 和 β 被风格特征的标准差和平均值所代替，如下所示：

$$\mathrm{AdaIN}(x,y)=\sigma(y)\left(\frac{x-\mu(x)}{\sigma(x)}\right)+\mu(y) \tag{5-3}$$

AdaIN 仍然可以被理解为条件实例归一化的一种形式，其中条件是风格特性而不是风格标签。在训练时间和推理时间，都使用 VGG 提取风格层输出，并使用它们的统计数据作为风格条件。这样就不需要再预先定义一组固定风格了。现在我们可以在 TensorFlow 中实现 AdaIN 了。用于此操作的 Notebook 是 ch5_arbitrary_style_transfer.ipynb。

使用 TensorFlow 的子类创建自定义 AdaIN 层，如下所示：

```
class AdaIN(layers.Layer):
    def __init__(self, epsilon=1e-5):
        super(AdaIN, self).__init__()
        self.epsilon = epsilon
    def call(self, inputs):
        x = inputs[0] # content
        y = inputs[1] # style
        mean_x, var_x = tf.nn.moments(x, axes=(1,2),
                                      keepdims=True)
        mean_y, var_y = tf.nn.moments(y, axes=(1,2),
                                      keepdims=True)
        std_x = tf.sqrt(var_x+self.epsilon)
        std_y = tf.sqrt(var_y+self.epsilon)
        output = std_y*(x - mean_x)/(std_x) + mean_y
        return output
```

这是方程的一个简单实现示例，值得解释的一点是如何使用 tf.nn.moments，它也用于 TensorFlow 批量归一化实现，它计算特征图的平均值和方差，其中轴

1、2 表示特征图的 *H*、*W*。我们还设置了 keepdims=True，保持结果是（*N*, 1, 1, *C*）四个维度的，而不是默认的（*N*, *C*）。前者允许 TensorFlow 使用形状为（*N*, *H*, *W*, *C*）的输入张量执行广播算法。在这里，广播指的是在更大的维度中重复一个值。

更准确地说，从特定实例和通道的计算平均值中减去 *x* 时，在进行减法之前，单个平均值将首先重置为（*H*, *W*）的形状。现在来看看如何将 AdaIN 融入风格迁移中。

5.4.2 风格迁移网络架构

图 5.10 显示了风格迁移网络和训练流程的体系结构。风格迁移网络（STN）是一种编码器-解码器网络，编码器用固定的 VGG 对内容和风格特征进行编码。然后 AdaIN 将风格特征编码到内容特征的统计数据中，解码器利用这些新特征生成风格化的图像。

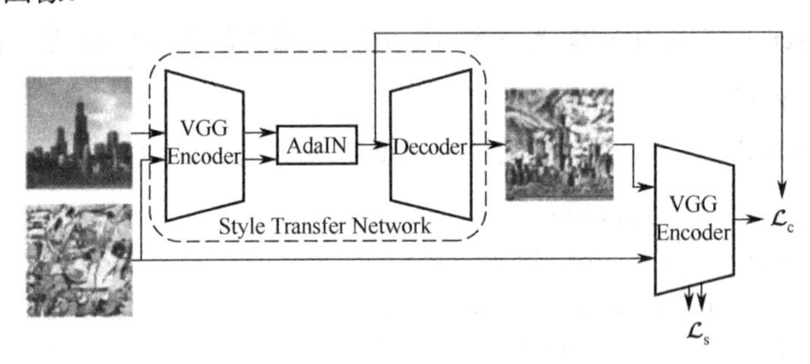

图 5.10 风格迁移网络和训练流程的体系结构

（摘抄：X. Huang, S. Belongie, 2017, “Arbitrary Style Transfer in Real Time with Adaptive Instance Normalization”, https://arxiv.org/abs/1703.06868）

1. 构建编码器

下面是 VGG 构建编码器的代码：

```
def build_encoder(self, name='encoder'):
    self.encoder_layers = ['block1_conv1',
                           'block2_conv1',
                           'block3_conv1',
                           'block4_conv1']
    vgg = tf.keras.applications.VGG19(include_top=False,
                                      weights='imagenet')
```

```
    layer_outputs = [vgg.get_layer(x).output for x in
                                        self.encoder_layers]
    return Model(vgg.input, layer_outputs, name=name)
```

这与神经风格迁移类似，唯一不同的是使用最后的风格层“block4_ conv1”作为内容层。因此，不需要单独定义内容层。现在对卷积层做一个细微但重要的改进，以改善生成图像的外观。

2. 使用反射填充减少块效应

通常，当对卷积层中的输入张量应用填充时，在张量周围填充常量零。但是，边界处的值突然下降会产生高频分量，并导致生成的图像中出现块伪影。减少这些频率分量的一种方法是在网络训练中添加总变差损失作为正则化。为了做到这一点，首先简单地通过将图像移动 1 像素来计算高频分量，然后再减去原始图像来创建矩阵。总变差损失为 L1 范数或绝对值之和。因此，训练将尽量减少该损失函数，以减少高频分量。

另一种方法是利用反射值替换填充中的常量零。例如，用零填充[10,8,9]的数组，将得到[0,10,8,9,0]。然后，可以看到 0 与其相邻值之间的值突然变化。如果使用反射填充，填充的数组将是[8,10,8,9,8]，这将向边界提供更平滑的过渡。但是，Keras Conv2D 不支持反射填充，因此我们不得不使用 TensorFlow 子类创建自定义 Conv2D。下面的代码片段（为简洁起见，代码被缩减了；整个代码请查看 GitHub）显示了如何在卷积之前向输入张量添加反射填充：

```
class Conv2D(layers.Layer):
    @tf.function
    def call(self, inputs):
        padded = tf.pad(inputs, [[0, 0], [1, 1], [1, 1],
                                   [0, 0]], mode='REFLECT')
        # perform conv2d using low level API
        output = tf.nn.conv2d(padded, self.w, strides=1,
                              padding="VALID") + self.b
        if self.use_relu:
            output = tf.nn.relu(output)
        return output
```

前面的代码取自第 1 章“开始使用 TensorFlow 生成图像”，但添加了一个底层 tf.pad API 来填充输入张量。

3. 构建解码器

虽然在编码器代码中使用了 4 个 VGG 层（block1_conv1～block4_conv1），但 AdaIN 只使用了编码器的最后一层 block4_conv1。因此，解码器的输入张量具有与 block4_conv1 相同的激活。解码器的架构与前面章节中实现的架构并没有太大的不同，它由卷积层和上采样层组成，代码如下：

```
def build_decoder(self):
    block = tf.keras.Sequential([\
            Conv2D(512, 256, 3),
            UpSampling2D((2,2)),
            Conv2D(256, 256, 3),
            Conv2D(256, 256, 3),
            Conv2D(256, 256, 3),
            Conv2D(256, 128, 3),
            UpSampling2D((2,2)),
            Conv2D(128, 128, 3),
            Conv2D(128, 64, 3),
            UpSampling2D((2,2)),
            Conv2D(64, 64, 3),
            Conv2D(64, 3, 3, use_relu=False)],
                                name='decoder')
    return block
```

前面的代码使用带有反射填充的自定义 Conv2D。除输出层没有任何非线性激活功能外，所有层都使用 ReLU 作为激活函数。现在已经完成了 AdaIN、编码器和解码器，可以继续进行图像预处理流程了。

4. VGG 处理

像之前构建的神经风格迁移一样，需要将颜色通道反转为 BGR，然后减去颜色平均值来预处理图像。代码如下：

```
def preprocess(self, image):
    # rgb to bgr
    image = tf.reverse(image, axis=[-1])
    return tf.keras.applications.vgg19.preprocess_input(image)
```

我们可以在后期处理中做同样的事情，即添加回颜色信息并反转颜色通道。然而，这是解码器可以学习的东西，因为颜色的平均值等于输出层的偏差，训练可以完成这项工作，我们需要做的就是将像素压缩到[0, 255]的范围，如下所示：

```
def preprocess(self, image):
    return tf.clip_by_value(image, 0., 255.)
```

现在已经准备好了所有的构建模块，接下来要做的就是将它们组合在一起，创建 STN 和训练流程。

5. 建立风格传递网络

构造 STN 非常简单，只需连接编码器、AdaIN 和解码器，如图 5.10 的架构图所示。STN 也是用来进行推断的模型。执行此操作的代码如下所示：

```
content_image = self.preprocess(content_image_input)
style_image = self.preprocess(style_image_input)
self.content_target = self.encoder(content_image)
self.style_target = self.encoder(style_image)
adain_output = AdaIN()([self.content_target[-1],
                        self.style_target[-1]])
self.stylized_image = self.postprocess(
                          self.decoder(adain_output))
self.stn = Model([content_image_input,
                  style_image_input],
                  self.stylized_image)
```

内容和风格图像经过预处理并输入编码器。最后一个特征层，即来自两个图像的 block4_conv1，转到 AdaIN()。然后，风格化特征进入解码器，在 RGB 中生成风格化图像。

5.4.3 任意风格迁移训练

像神经和前馈风格迁移一样，内容损失和风格损失是由固定的 VGG 提取的激活层计算出来的。内容损失也是 L2 正则化，但生成的风格化图像的内容特征现在与 AdaIN 的输出进行比较，而不是与内容图像的特征进行比较，如以下代码所示。论文作者发现，这使得收敛速度更快。

```
content_loss =  tf.reduce_sum((output_features[-1]-\
                               adain_output)**2)
```

对于风格损失，常用的 Gram 矩阵被均值和方差的激活统计量的 L2 范数所取代。这会产生与 Gram 矩阵类似的结果，但在概念上更清晰。风格损失函数的方程式如下：

$$\mathcal{L}_S=\sum_{i=1}^{L}\|\mu\left(\phi_i\left(\text{stylized}\right)\right)-\mu\left(\phi_i\left(\text{style}\right)\right)\|_2+\|\sigma\left(\phi_i\left(\text{stylized}\right)\right)-\sigma\left(\phi_i\left(\text{style}\right)\right)\|_2 \quad (5\text{-}4)$$

其中，ϕ_i 表示 VGG19 中用于计算风格损失的一层。

我们使用 AdaIN 层中的 tf.nn.moments 来计算来自风格化图像与风格图像的特征之间的统计数据和 L2 范数。每个风格层都具有相同的权重，因此求得内容层损失的平均值如下：

```
def calc_style_loss(self, y_true, y_pred):
    n_features = len(y_true)
    epsilon = 1e-5
    loss = []
    for i in range(n_features):
        mean_true, var_true = tf.nn.moments(y_true[i],
                                  axes=(1,2), keepdims=True)
        mean_pred, var_pred = tf.nn.moments(y_pred[i],
                                  axes=(1,2), keepdims=True)
        std_true, std_pred = tf.sqrt(var_true+epsilon),
                                  tf.sqrt(var_pred+epsilon)
        mean_loss = tf.reduce_sum(tf.square(
                                  mean_true-mean_pred))
        std_loss = tf.reduce_sum(tf.square(
                                  std_true-std_pred))
        loss.append(mean_loss + std_loss)
    return tf.reduce_mean(loss)
```

最后一步是编写训练步骤，如下所示：

```
def train_step(self, train_data):
    with tf.GradientTape() as tape:
        adain_output, output_features, style_target = \
```

```
                        self.training_model(train_data)
        content_loss = tf.reduce_sum(
                      (output_features[-1]-adain_output)\
                                                    **2)
        style_loss = self.style_weight * \
                       self.calc_style_loss(
                           style_target, output_features)
        loss = content_loss + style_loss
        gradients = tape.gradient(loss,
                      self.decoder.trainable_variables)
        self.optimizer.apply_gradients(zip(gradients,
                      self.decoder.trainable_variables))
    return content_loss, style_loss
```

将内容权重固定为 1，只调整风格权重，而不是同时调整内容权重和风格权重。本例中，将内容权重设置为 1，将风格权重设置为 1e-4。在图 5.10 中，似乎有三个网络需要训练，但其中两个是固定 VGG，因此唯一可训练的网络是解码器。所以，只需要跟踪并将梯度应用于解码器。

提示

前面的训练步骤可以用 Keras 的 `train_on_batch()`函数代替（参见第 3 章“生成对抗网络”），该函数使用更少的代码行。我将把这个留给读者作为额外的练习。

本例中将使用人脸作为内容图像，使用 cyclegan/vangogh2photo 作为样式。尽管凡高的绘画具有一种艺术风格，但从风格迁移的角度来看，每一种风格的形象都比较独特。vangogh2photo 数据集包含 400 种风格的图像，这意味着我们正在用 400 种不同的风格训练网络。网络生成的图像示例如图 5.11 所示，图中的图像显示了使用网络以前未看到的风格图像在推理时进行的风格迁移。每个风格迁移只发生一个正向传递，这比原始神经风格迁移算法的迭代优化快得多。在理解了实现风格迁移的各种技术之后，现在可以很好地学习如何设计风格化的 GAN 了。

图 5.11　任意风格迁移

5.5 基于风格的 GAN 简介

风格迁移方面的创新也影响了 GAN 的发展。虽然当时的 GAN 可以生成真实的图像，但它们是通过使用随机潜在变量生成的，而我们对它们所代表的内容知之甚少。尽管多模态 GAN 可以在生成的图像中产生变化，但我们并不知道如何控制潜在变量以实现我们想要的结果。

在理想情况下，希望有一些旋钮来独立控制我们想要生成的特征，如第 2 章“变分自编码器”中的面部操作练习。这被称为解耦表征，在深度学习中是一个相对较新的概念。解耦表征的思想是将图像分割成独立的表示。例如，一张脸有两只眼睛、一个鼻子和一张嘴，每个眼睛、鼻子和嘴都代表一张脸。正如我们在风格迁移中所学到的，图像可以分解为内容和风格，因此研究人员把这个想法带进了 GAN。

下面将介绍一种称为 MUNIT 的基于风格的 GAN。由于受到书中页数的限制，我们不编写详细的代码，而是浏览整个体系结构，以了解风格在这些模型中的使用方式。

MUNIT 是一种图像到图像的翻译模型，类似于 BicycleGAN（见第 4 章“图像到图像的翻译”）。两者都可以生成连续分布的多模态图像，但 BicycleGAN 需要成对数据，而 MUNIT 则不需要。BicycleGAN 使用两个模型生成多模态图像，这两个模型将目标图像与潜在变量联系起来。目前还不清楚这些模型是如何工作的，也不清楚如何控制潜在变量来改变输出。MUNIT 的方法在概念上有很大不同，但理解起来简单得多，它假定原图像和目标图像共享相同的内容空间，但风格不同。

图 5.12 显示了 MUNIT 背后的主要理念，假设有两个图像 X_1 和 X_2，它们中的每一个都可以分别表示为内容代码和风格代码对（c_1, s_1）和（c_2, s_2）。假设 c_1 和 c_2 都在共享内容空间 C 中，或者说，内容可能不完全相同，但相似。这些风格位于各自的特定于域的风格空间中。因此，来自 X_1 和 X_2 的图像翻译可以被格式化为使用来自 X_1 的内容代码和来自 X_2 的风格代码生成图像，也可以说，从代码（c_1, s_2）生成图像。

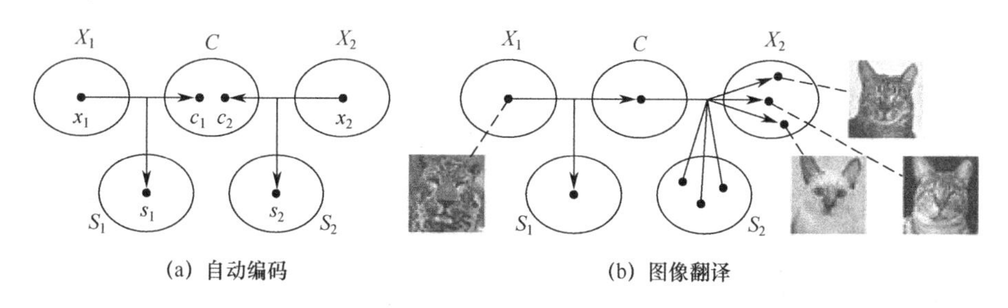

(a) 自动编码　　(b) 图像翻译

图 5.12　MUNIT 方法示意图

（摘抄：X. Huang et al., 2018, “Multimodal Unsupervised Image-to-Image Translation”, https://arxiv.org/abs/1804.04732）

在前面的风格迁移中，将风格视为具有不同笔画、颜色和纹理的艺术风格。现在，将风格的含义扩展到艺术绘画之外的其他内容，例如，老虎和狮子只是有着不同风格的胡须、皮肤、皮毛和形状的猫。下面看看 MUNIT 模型架构。

1. 架构理解

MUNIT 模型架构如图 5.13 所示，有两个自编码器，每个域一个。自编码器将图像编码为其风格和内容代码，然后解码器将其解码回原始图像。这是使用对抗性损失进行训练的，可以理解为，该模型由自编码器组成，但像 GAN 一样进行训练。

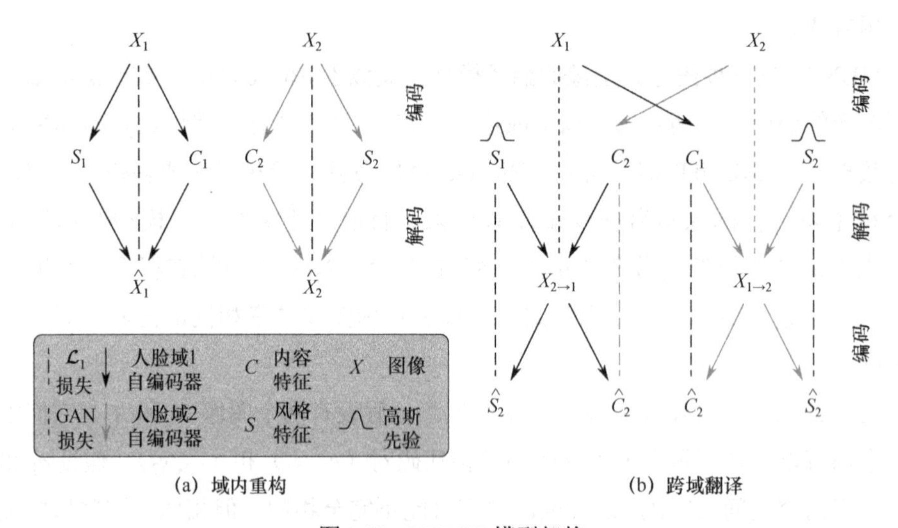

(a) 域内重构　(b) 跨域翻译

图 5.13　MUNIT 模型架构

（摘抄：X. Huang et al., 2018, "Multimodal Unsupervised Image-to-Image Translation", https://arxiv.org/abs/1804.04732）

图 5.13 中，图像重建过程显示在左侧，右侧是跨域翻译。如前所述，为了将 X_1 转换为 X_2，首先将图像编码为各自的内容和风格代码，然后对其执行以下两项操作：

（1）使用（c_1, s_2）在样式域 2 中生成一个伪图像。这也是使用 GAN 训练的。

（2）将伪图像编码为内容和风格代码。如果翻译效果很好，那么它应该类似于（c_1, s_2）。

如果这听起来很熟悉，那是因为这是来自 CycleGAN 的循环一致性约束。除此之外，此处循环一致性不应用于图像，而是应用于内容和风格代码。

2. 自编码器设计探讨

自编码器的详细架构如图 5.14 所示，与其他风格迁移模型不同，MUNIT 不使用 VGG 作为编码器，它使用两个独立的编码器，一个用于内容，另一个用于风格。内容编码器由几个具有实例归一化和下采样的残差块组成。这与 VGG 的风格特征非常相似。

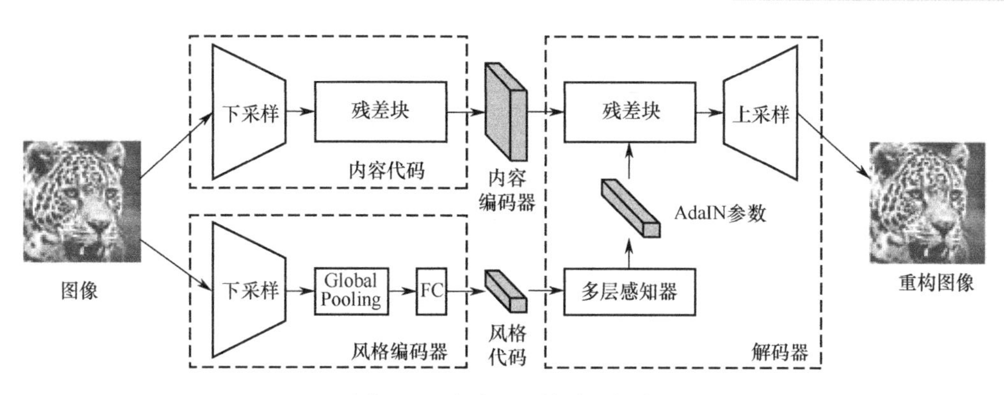

图 5.14 自编码器的详细架构

（源自：X. Huang et al., 2018, “Multimodal Unsupervised Image-to-Image Translation”, https://arxiv.org/abs/1804.04732）

风格编码器与内容编码器在两个方面有所不同：

- 首先，没有归一化。正如我们所了解的，将激活层归一化为零意味着删除风格信息。
- 其次，用全连接层替换残差块。这是因为风格在空间上是不变的，因此不需要卷积层来提供空间信息。

也就是说，风格代码只包含关于眼睛颜色的信息，不需要知道眼睛在哪里，因为这是内容代码的责任。风格代码是一个低维向量，通常大小为 8，这与 GAN 和 VAE 中的高维潜在变量及风格迁移中的风格特征形成对比。风格代码规模较小的原因是，控制风格的旋钮数量较少，这使得事情更易于管理。图 5.15 显示了内容和风格代码如何输入解码器。

解码器内的生成器由一组残差块组成。只有第一组中的残差块具有 AdaIN 作为归一化层。在 AdaIN 的方程式中，z 是前一卷积层的激活，如下所示：

$$\text{AdaIN}(z,\gamma,\beta)=\gamma\left(\frac{z-\mu(z)}{\sigma(z)}\right)+\beta \tag{5-5}$$

在任意前馈神经风格迁移中，使用单个风格层的平均值和标准差作为 AdaIN 中的 λ 和 β。在 MUNIT 中，λ 和 β 由带有多层感知器（MLP）的风格代码生成。

3. 动物图像的翻译

图 5.16 的屏幕截图显示了 MUNIT 的一对多图像翻译示例，可以使用不同的风格代码生成各种输出图像。

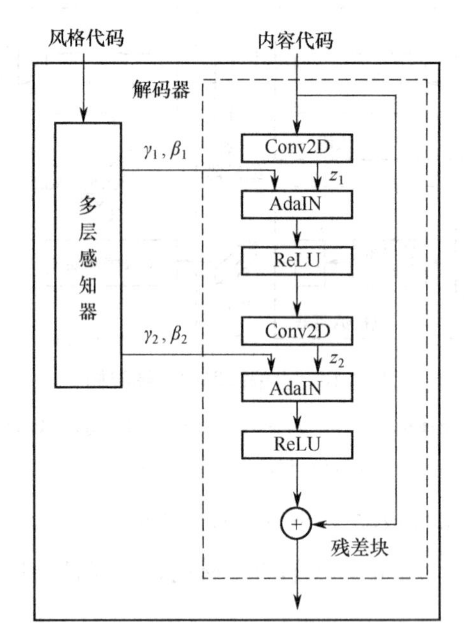

图 5.15　内容和风格代码输入解码器的过程

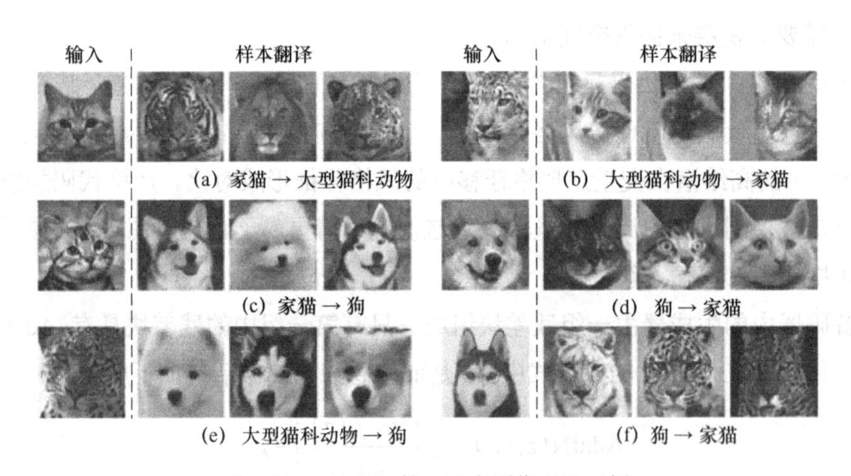

图 5.16　MUNIT 的一对多图像翻译示例

（源自：X. Huang et al., 2018, "Multimodal Unsupervised Image-to-Image Translation", https://arxiv.org/abs/1804.04732）

链接 19 中的网页显示，在撰写本书时，MUNIT 仍然是多模态图像到图像翻译的最先进模型。如果你对代码实现感兴趣，可以参考 NVIDIA 的官方资料，具体参见链接 20。

5.6　本章小结

本章首先介绍了基于风格的生成模型的演变，所有内容都是从神经风格迁移开始的，在此我们学到了图像可以分解为内容和风格。原始算法的速度变慢，推理时间内的迭代优化过程被可实时执行风格迁移的前馈风格迁移所取代。然后了解到 Gram 矩阵不是表示样式的唯一方法，可以使用层的统计信息来代替。因此，人们探索了标准化层来控制图像的风格，这最终导致了 AdaIN 的出现。通过结合前馈网络和 AdaIN，实现了实时任意风格的迁移。

随着风格迁移的成功实现，AdaIN 成为 GAN 的一部分。我们详细介绍了 MUNIT 架构，了解了 AdaIN 如何用于多模式图像生成。StyleGAN——一种基于风格的 GAN，读者对此应该很熟悉，它以能够生成超逼真、高保真的人脸图像而闻名。StyleGAN 的实现需要具有先进的 GAN 的必备知识。因此，介绍详细的实现过程的内容推迟到第 7 章“高保真人脸生成”。

通过本章内容可以看出，GAN 正在从只使用随机噪声作为输入的黑盒方法转向更好地利用数据属性的解耦表征方法。在第 6 章中，我们将了解如何在绘画中使用特定的 GAN 技术。

第 6 章　人工智能画家

本章重点介绍称为 iGAN（交互式 GAN）和 GauGAN 的两个用来生成和编辑图像交互的生成对抗网络。早在 2016 年，iGAN 就是第一个演示如何使用 GAN 进行交互式图像编辑和转换的网络，由于 GAN 在当时仍处于幻想状态，因此生成的图像质量不如今天的网络那样令人印象深刻，但主流图像编辑的大门已经为 GAN 研究团队打开。本章还将介绍 iGAN 背后的概念，以及一些提供 iGAN 视频演示的网站，这部分内容书中没有提供代码。

此外，介绍由英伟达公司在 2019 年制作的一个 GauGAN 的获奖应用程序，它在由语义分割蒙版转换为真实的风景照片方面给出了令人印象深刻的结果。本章将完整地应用 GauGAN，首先使用一种名为“空间自适应归一化”的新归一化技术；在此基础上，介绍一个称为铰链损失的新损失，并建立一个全尺寸的 GauGAN。GauGAN 生成的图像质量远远优于我们在前面几章中介绍的通用图像到图像翻译网络。

本章主要涵盖以下主题：

- 介绍 iGAN。
- 基于 GauGAN 的分割图到图像的翻译。

6.1　技术要求

相关 Jupyter Notebook 和代码可在链接 21 中找到。

本章中使用的 Notebook 是 ch6_gaugan.ipynb。

6.2　iGAN 介绍

现在已经熟悉了使用生成模型，如 pix2pix（见第 4 章“图像到图像的翻译”），从草图或分割蒙版生成图像。然而，由于大多数人都不是熟练的艺术家，只能画个简单的草图，生成的图像也只有简单的形状。如果可以使用一个真实的图像作为输入，并使用草图来改变真实图像的外观，会怎么样?

GAN 发展的早期，J-Y. Zhu（CycleGAN 的发明者）等人发表的题为 *Generative Visual Manipulation on the Natural Image Manifold* 的论文研究了如何使用学习过的隐层表示来执行图像编辑和变形。作者设计了一个网站（参见链接 22），它包含以下几个实例视频。

- **交互式图像生成：**包括从草图实时生成图像，如图 6.1 所示，其中图像仅由简单的画面生成。

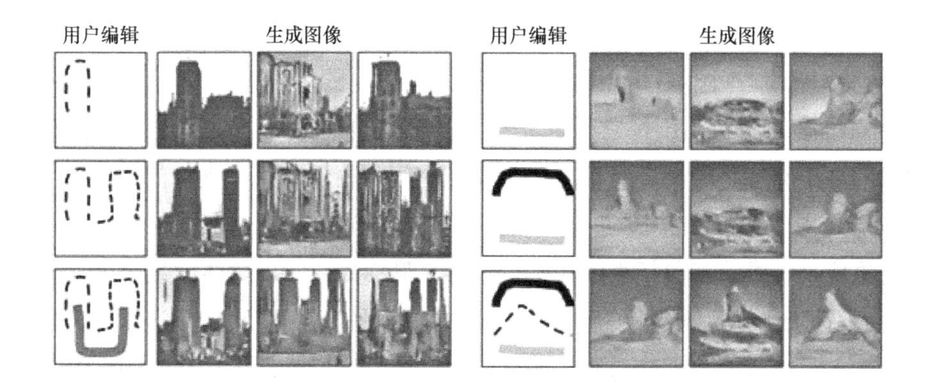

图 6.1　交互式图像生成

（来源：J-Y. Zhu et al.,2016,“Generative Visual Manipulation on the Natural Image Manifold”, https://arxiv.org/abs/1609.03552）

- **交互式图像编辑：**导入图片后，使用 GAN 进行图像编辑。早期 GAN 生成的图像仅使用噪声作为输入。即使是在 iGAN 之后几年发明的 BicycleGAN，也只能随机改变生成图像的外观，而不能直接操作。iGAN 允许指定颜色和纹理的变化，这令人对其印象深刻。
- **交互式图像翻译（变形）：**给定两幅图像，iGAN 可以创建图像序列，显示从一幅图像到另一幅图像的变形过程。如图 6.2 所示，两侧为给定的两幅鞋子图像，中间 8 幅图像为生成的图像序列。

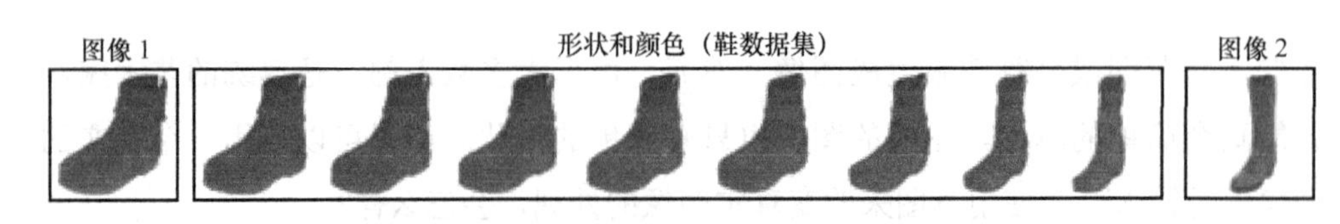

图 6.2 交互式图像翻译（变形）生成的图像序列

（来源：J-Y. Zhu et al.,2016,"Generative Visual Manipulation on the Natural Image Manifold", https://arxiv.org/abs/1609.03552）

6.2.1 了解流形

“流形”一词经常在论文中出现，也会出现在其他机器学习文献中。我们可以从自然图像的角度来理解流形。颜色像素可以用 8 位或 256 位数字表示，单单一个 RGB 像素就可以有 256×256×256=1600 多万种不同的可能组合，使用同样的逻辑方法，图像中所有像素的总可能性是天文数字。

然而，像素之间不是相互独立的。例如，草原的像素被限制在绿色范围内。可见，高维度的图像并不像它看起来那样复杂。换句话说，维度空间比我们一开始想象的要小得多。因此，可以说高维图像空间是由低维流形支撑的。

流形是物理学和数学中的一个术语，用来描述光滑的几何表面。流形可以存在于任何维度，一维流形包括直线和圆，二维流形称为曲面，球体则是一个三维的流形，它在任何地方都是光滑的。相反，立方体不是流形，因为它们在顶点处不光滑。事实上，在第 2 章“变分自编码器”中已经看到，潜在维度为 2 的自编码器的潜在空间是 MNIST 数字投影的 2D 流形，图 6.3 显示了 2D 数字流形的说明。

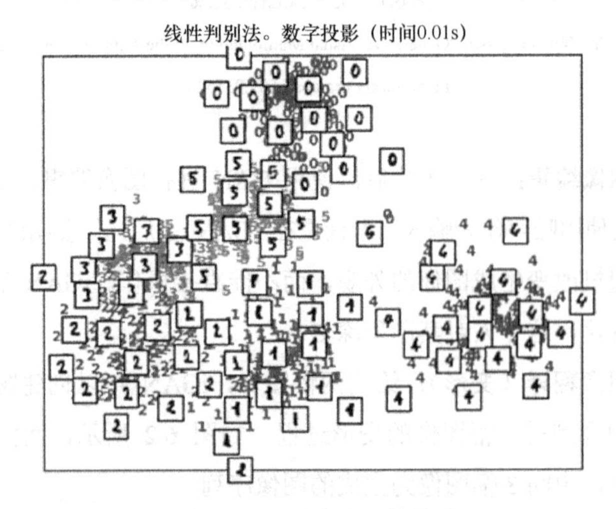

图 6.3 2D 数字流形的说明

（来源：https://scikit-learn.org/stable/modules/manifold.html）

网站（参见链接 23）上的交互式工具是一个用于 GAN 可视化流形的很好的资源。在这个交互式工具中，生成器的数据转换被可视化为一个流形，它将输入噪声（左边）变成假样本（右边），如图 6.4 的例子所示。

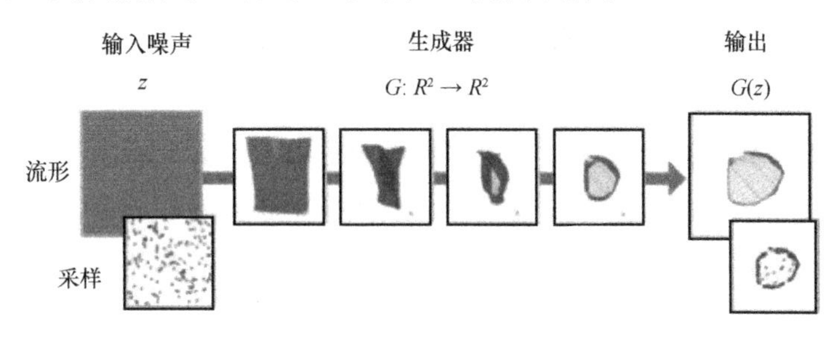

图 6.4　可视化为一个流形的举例

（来源：M. Kahng, 2019, "GANLab:Understanding Complex Deep Generative Modelsusing Interactive Visual Experimentation,"IEEE Transactionson Visualizationand Computer Graphics,25(1)(VAST2018), https://minsuk.com/research/papers/kahng-ganlab-vast2018.pdf）

训练 GAN 将均匀分布的 2D 样本映射为具有圆形分布的 2D 样本，我们可以使用流形来可视化这个映射，其中输入表示统一的正方形网格。生成器将高维输入网格包装到一个更少维的扭曲版本中。在图的右上方显示的输出是由生成器近似的流形。生成器输出或者说伪图像（图右下角）是从流形中采样的样本，其中网格块较小的区域意味着较高的采样概率。

假设 GAN 的输出从随机噪声 z 中采样，$G(z)$位于一个平滑的流形上。因此，在流形上给定两个图像 $G(z_0)$ 和 $G(z_N)$，通过潜在空间插值的平滑过渡得到 N+1 个图像$[G(z_0),G(z_1),\cdots,G(z_N)]$，这种自然图像的近似流形被用于执行真实的图像编辑。

6.2.2　图像编辑

在了解了流形含义的基础上，看看如何使用这些知识来执行图像编辑。图像编辑的第一步是将图像投影到流形上。

1. 将图像投影到流形上

将图像投影到流形上的方法是，使用预先训练过的 GAN 生成与给定图像相近的图像。本书中使用预先训练的 DCGAN，其中生成器的输入是 100 维的潜在向量。因此，需要找到一个潜在向量，以生成尽可能接近原始图像的流形。一种方法是使用优化，比如风格迁移——在第 5 章“风格迁移”中详细介绍过的主题。

首先，使用预先训练的卷积神经网络提取原始图像的特征，如 VGG 中的 block5_conv1 层的输出（见第 5 章“风格迁移”），并将其作为目标。

其次，使用预先训练的具有冻结权值的 DCGAN 生成器，通过最小化特征之间的 L2 损失对输入潜在向量进行优化。

正如已经了解到的风格迁移，优化可能运行缓慢，因此当执行交互式绘图时没有响应。另一种方法是训练前馈网络，从图像中预测潜在向量，速度很快。如果 GAN 将分割掩码转换为图像，那么可以使用 U-Net 等网络从图像中预测分割掩码。

使用前向网络的流形投影看起来类似于使用自编码器。编码器从原始图像中编码（预测）潜在变量，然后解码器（在使用 GAN 的情况下是生成器）将潜在变量投射到图像流形上。然而，这种方法并不总是完美的——这就使得混合方法有了用武之地。我们使用前馈网络来预测潜在变量，然后使用优化进行微调。使用不同技术生成的图像如图 6.5 所示。

图 6.5 使用 GAN 将真实照片投影到图像流形上

（来源：J-Y.Zhu et al, 2016,“Generative Visual Manipulation on the Natural Image Manifold”, https://arxiv.org/abs/1609.03552）

现在已经获得了潜在向量，下面将使用它来编辑流形。

2. 使用潜在向量编辑流形

现在已经得到了潜在变量 z_0 和图像流形 $x_0 = G(z_0)$，下一步通过操作 z_0 来修改图像。假设图像是一只红色的鞋，想把颜色改为黑色——我们怎么做呢？最简单、最直接的方法是，打开图像编辑软件包，选择图片中所有的红色像素，并将其变为黑色。由此产生的图片可能看起来不太自然，因为一些细节可能会丢失。传统的图像编辑工具的算法往往不能很好地处理具有复杂形状和精细纹理细节的自然图像。

另一种方法是，可能尝试改变潜在向量并将其输入生成器，然后改变颜色。但在实践中，不知道如何通过修改潜在变量来得到预期的结果。

因此，可以从不同的方向来解决问题，而不是直接改变潜在向量。例如，通过编辑流形，在鞋子上画一条黑色的条纹，然后用它来优化潜在变量，最后把它投射到流形上生成另一张图像。

本质上，正在执行的优化和前面描述的流形投影一样，但具有不同的损失函数。我们希望找到一个图像流形 x，可以使下面的方程最小化：

$$x^{*}=\underset{x\in M}{\arg\min}\left\{\sum_{g}\|f_{g}(x)-v_{g}\|^{2}+\lambda_{s}S(x,x_{0})\right\} \tag{6-1}$$

流形平滑度的第二个损失项 $S(x,x_0)$ 开始是 L2 损失，使新的流形不会偏离原来的流形太多，这个损失项保持了图像的整体外观。第一个损失项是数据项，它汇总了所有的编辑操作损失。使用图 6.6 的图片可以很好地描述流形平滑度。

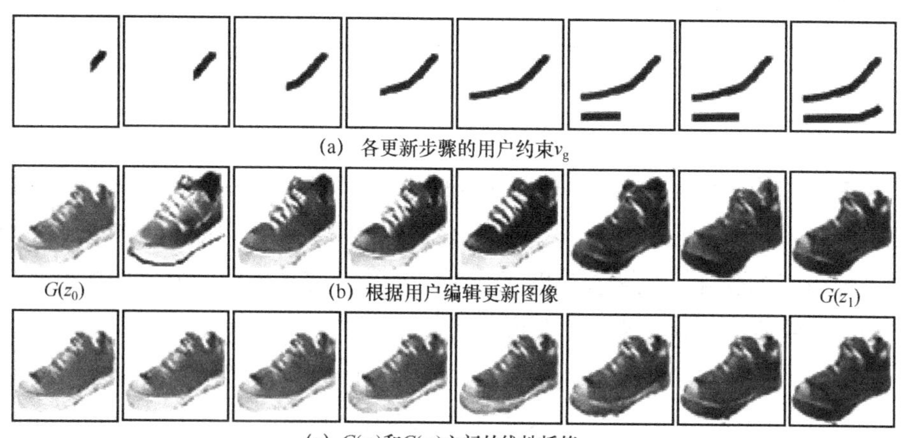

图 6.6　使用 GAN 将真实照片投影到图像流形上

（来源：J-Y. Zhu et al, 2016,"Generative Visual Manipulation on the Natural Image Manifold", https://arxiv.org/abs/1609.03552）

图 6.6 的例子使用了一个颜色刷来改变鞋子的颜色。在本书的灰度印刷中，颜

色变化可能不是很明显，读者可以尝试从网站（参见链接 24）下载并查看彩色版本的论文。图 6.6（a）显示了作为约束 v_g 的画笔画风及作为编辑操作的 f_g。我们希望画笔画风 $f_g(x)$ 中的每个流形像素都尽可能接近 v_g。也可以理解为，在鞋上施以黑色的画风，使图像流形中的那部分是黑色的，这就是我们的意图，但要执行它，则需要对潜在变量进行优化。因此，将上述方程从像素空间重新表述为潜在空间，公式如下：

$$z^* = \underset{z \in Z}{\arg\min} \left\{ \sum_g \| f_g\left(G(z)\right) - v_g \|^2 + \lambda_s \| z - z_0 \|^2 + E_D \right\} \tag{6-2}$$

最后一项 $E_D = \lambda_D \log(1 - D \cdot G(z))$ 的对抗性损失是用来使流形看起来真实，并稍微改善视觉质量的。默认情况下，E_D 不用于增加帧速率。定义了所有损失函数后，就可以使用 TensorFlow 优化器（如 Adam）来运行优化了。

3. 编辑转移

编辑转移是图像编辑的最后一步。现在有两个流形 $G(z_0)$和 $G(z_1)$，可以在 z_0 和 z_1 之间的潜在空间中使用线性插值生成中间图像序列。由于 DCGAN 的容量限制，生成的流形可能会显得模糊，看起来可能不像所希望的那样真实。

前面提到的论文的作者解决这个问题的方法是，不使用流形作为最终图像，而是估计流形之间的颜色和几何变化，并将这些变化应用到原始图像。利用光流对颜色和运动流进行估计，这是一种传统的计算机视觉处理技术，超出了本书的范围。

通过前面的示例知道，如果只对颜色变化感兴趣，可以估计流形之间像素的颜色变化，然后将颜色变化转移到原始图像中的像素上。类似地，如果变换涉及变形，即形状的变化，则需要估算像素的运动，并将其应用于原始图像上进行变形。网站上的演示视频是使用动态和彩色流创建的。

回顾一下，现在了解到 iGAN 不是 GAN，而是一种使用 GAN 执行图像编辑的方法。首先，使用优化或前馈网络将真实图像投影到流形上；其次，使用画风作为约束来修改由潜在向量生成的流形；最后，将插值流形的颜色和运动流转换到真实图像上完成图像编辑。由于没有任何新的 GAN 架构，我们不会实现 iGAN。相反，下面将实际应用 GauGAN，其中包括一些创新，这些创新对于代码实现来说是令人兴奋的。

6.3 基于 GauGAN 的分割图到图像的翻译

GauGAN（以 19 世纪画家保罗·高更的名字命名）来自于**英伟达公司**，英伟达是少数几家大举投资 GAN 的公司之一，并在这个领域取得了一些突破，包括 **ProgressiveGAN**（将在第 7 章“高保真人脸生成”中介绍）用于生成高分辨率图像，以及 **StyleGAN** 用于生成高保真人脸。

该公司的主要业务是制造图形类芯片，而不是人工智能软件。因此，与其他一些将代码和训练模型作为严格保密内容的公司不同，英伟达倾向于向公众开放其软件代码。英伟达建立了一个网页（参见链接 25）来展示 GauGAN，可以从分割图生成逼真的风景照片。

图 6.7 中的截图取自他们的网页，请暂停你的阅读，尝试运行一下应用程序，体验一下它们的功能。

图 6.7 从画风到用 GauGAN 拍摄的照片

6.3.1 pix2pixHD 介绍

GauGAN 使用 **pix2pixHD** 作为基础，并添加了新的功能。pix2pixHD 是 pix2pix 的升级版，可以生成**高清（HD）**图像。本书中没有涉及 pix2pixHD，并且我们不会使用高清数据集，而是在 pix2pix 的架构和已经熟悉的代码库中构建 GauGAN 的基础。尽管如此，了解 pix2pixHD 的高级架构对我们的学习还是很有帮助的，下面将介绍一些高级概念。

图 6.8 显示了 pix2pixHD 生成器的网络架构，为了生成高分辨率的图像，pix2pixHD 使用了两种不同分辨率的图像生成器，包括粗粒度图像生成器和细粒度图像生成器。粗粒度生成器 G1 使用的是分辨率为原图像一半的图像；也就是说，输入图像和目标图像被下采样到原分辨率的一半。当 G1 被训练后，开始将粗粒度生成器 G1 和细粒度生成器 G2 一起训练，其中 G2 在全图像尺度上工作。从图 6.8 的架构图中可以看到，G1 的编码器输出与 G1 的特征连接，并反馈给 G2 的解码器部分，生成高分辨率的图像，这种配置也被称为“从粗到细的生成器”。

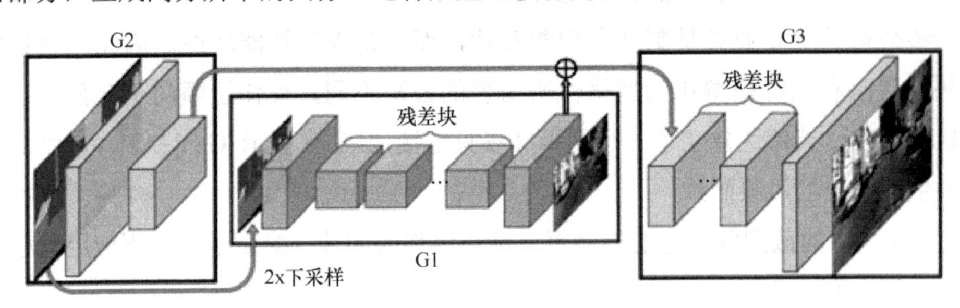

图 6.8　pix2pixHD 生成器的网络架构

（来源：T-C.W et al., 2018, “High-Resolution Image Synthesisand Semantic Manipulation with Conditional GANs”, https://arxiv.org/abs/1711.11585）

pix2pixHD 使用三个 PatchGAN 判别器，在不同的图像尺度上操作。一种被称为特征匹配损失的新的损失，被用来匹配真实图像和虚假图像之间的层特征。特征匹配损失在风格迁移中使用时，使用预先训练的 VGG 进行特征提取和风格特征优化。

现在我们已经对 pix2pixHD 有了一个简单的了解，下面在具体学习 GauGAN 之前先实现一种标准化技术来演示 GauGAN。

6.3.2　空间自适应归一化（SPADE）

GauGAN 的主要创新点是一种用于分割图的层归一化方法，称为空间自适应归一化（Spatial-Adaptive Normalization，SPADE），这是 GAN 工具箱中很长的标准化技术列表中的又一项。在深入研究 SPADE 之前，应该先了解网络输入的格式——语义分割图。

1. one-hot 编码分割掩码

下面使用 facade 数据集来训练 GauGAN。在之前的实验中，分割图被编码为

RGB 图像中的不同颜色，例如，一面墙用紫色的掩码来代表，一扇门用绿色。这种表示在视觉上很容易让人理解，但对神经网络的学习没有多大帮助，这是因为颜色没有语义意义。

颜色在颜色空间上的接近并不意味着它们在语义上的接近。可以用浅绿色表示草，用深绿色表示飞机，它们的语义并不相关，即使分割图的色度很接近。

因此，应该使用类标签，而不是使用颜色来标记像素。然而，这仍然不能解决问题，因为类标签是随机分配的数字，它们也没有语义意义。所以，更好的方法是当一个对象出现在该像素中时，使用一个标签为 1 的分割掩码，否则标签为 0。换句话说，使用 one-hot 将分割图中的标签编码到形状为（*H*, *W*, 类的数量）的分割掩码中。图 6.9 显示了建筑图像的语义分割掩码示例，左边是 RGB 编码的分割图，右边的分割图被分为单独的窗户、外观和柱子三个类别。

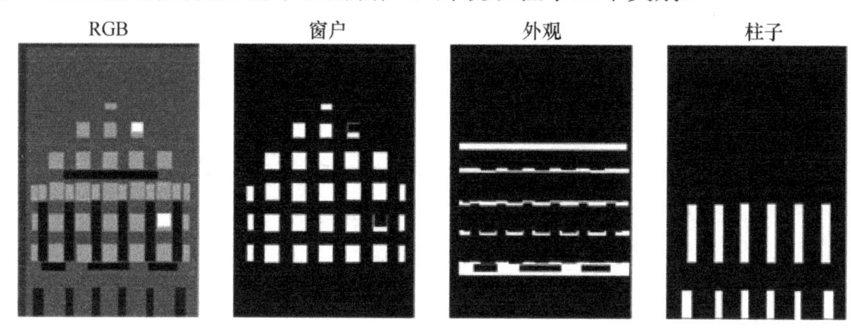

图 6.9 建筑图像的语义分割掩码示例

在前几章中使用的 facade 数据集中的数据被编码为 JPEG，因此不能使用这些数据来训练 GauGAN。在 JPEG 编码中，一些对图像不太重要的视觉信息在压缩过程中被删除，产生的像素可能有不同的值，即使它们应该属于同一类并且看起来是相同的颜色。因此，我们不能将 JPEG 图像中的颜色映射到类。为了解决这一问题，从原始数据源获得原始数据集，并创建一个新数据集，其中包括三个不同的图像文件类型，如下所示：

- JPEG——真实照片。
- PNG——使用 RGB 颜色的分割图。
- BMP——使用类标签的分割图。

BMP 是未压缩的，可以将 BMP 图像想象为上图中的 RGB 格式图像，除了像素值是 1 通道类标签而不是 3 通道 RGB 颜色。在图像加载和预处理中，加载所有三个文件，并将它们从 BMP 转换为一个 one-hot 编码分割掩码。

有时，TensorFlow 的基本图像预处理 API 无法完成一些更复杂的任务，因此需要求助于其他 Python 库。幸运的是，tf.py_function 允许在 TensorFlow 训练流程中运行一般的 Python 函数。在这个文件加载函数中，如下面的代码所示，使用.numpy()将 TensorFlow 张量转换为 Python 对象。函数名有一点误导，其实它不仅适用于数值，也适用于字符串。

```
def load(image_file):
    def load_data(image_file):
        jpg_file=image_file.numpy().decode("utf-8")
        bmp_file=jpg_file.replace('.jpg','.bmp')
        png_file=jpg_file.replace('.jpg','.png')
        image=np.array(Image.open(jpg_file))/127.5-1
        map=np.array(Image.open(png_file))/127.5-1
       labels=np.array(Image.open(bmp_file),
                                               dtype=np.uint8)
       h,w,_=image.shape
       n_class=12
       mask=np.zeros((h,w,n_class),dtype=np.float32)
       for i in range(n_class):
       one_hot[labels==i,i]=1
       return map,image,mask
       [mask,image,label]=tf.py_function(
                                            load_data,[image_file],
                                            [tf.float32,tf.float32,
                                              tf.float32])
```

现在已经了解了 one-hot 编码语义分割掩码的格式，接下来看看 SPADE 如何帮助从分割掩码生成更好的图像。

2. SPADE 的实施

实例归一化在图像生成中已经变得很流行，但它往往会删除分割掩码的语义意义。这是什么意思呢？假设输入图像只包含一个分割标签，例如整个图像是天空，由于输入具有一致的值，经过卷积层后的输出也具有一致的值。

回想一下，实例归一化计算每个通道的整个（H, W）维度的均值，因此该通道的均值是相等的，与均值相减后的归一化激活将为零。显然，语义上的意义消失了，天空也消失得无影无踪，这是一个极端的例子，但使用相同的逻辑，可以看到分割掩码随着其面积的增大而失去语义意义。

为了解决这个问题，SPADE 对分割掩码所限制的局部区域进行归一化，而不是对整个掩码进行归一化。图 6.10 显示了 SPADE 的高层架构。

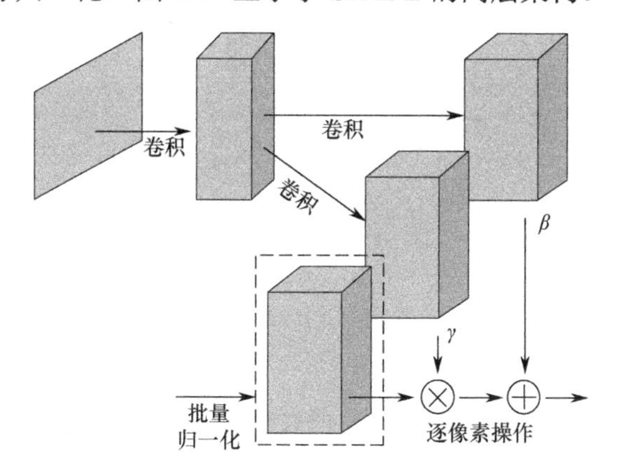

图 6.10 SPADE 的高层架构

（摘抄：T. Park et al.,2019,"Semantic Image Synthesis with Spatially-Adaptive Normalization", https://arxiv.org/abs/1903.07291）

在批量归一化过程中，计算了通道整个（N, H, W）维度的均值和标准差。这对 SPADE 也是一样的，如图 6.10 所示。不同之处在于，每个通道的 γ 和 β 不再是标量值（或 C 通道的向量），而是二维值（H, W）。换句话说，从语义分割图中学习到的每个激活都有一个 γ 和 β。因此，归一化对不同分割区域的应用是不同的，这两个参数通过两个卷积层学习，如图 6.11 所示。

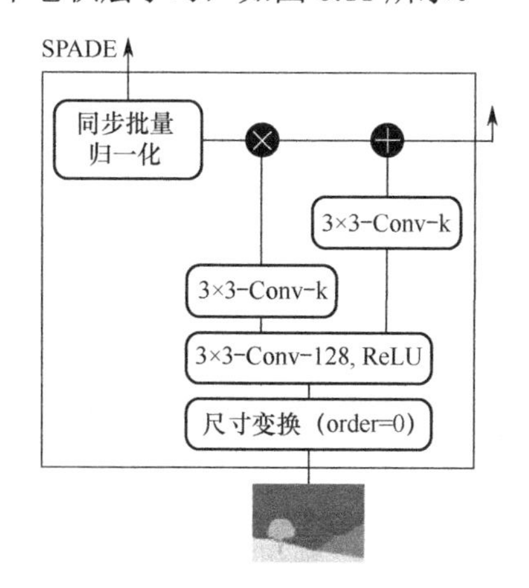

图 6.11 SPADE 设计图（k 表示卷积滤波器的个数）

（摘抄：T. Park et al.,2019,"Semantic Image Synthesis with Spatially-Adaptive Normalization", https://arxiv.org/abs/1903.07291）

SPADE 不仅用于网络输入阶段，也用于内部层。尺寸调整层用于调整分割图的大小，以匹配层的激活的尺寸。现在可以为 SPADE 实现一个 TensorFlow 自定义层。

首先在__init__构造函数中定义卷积层，如下所示：

```
class SPADE(layers.Layer):
    def __init__(self,filters,epsilon=1e-5):
        super(SPADE,self).__init__()
        self.epsilon = epsilon
        self.conv = layers.Conv2D(128,3,padding='same',
                                  activation='relu')
        self.conv_gamma = layers.Conv2D(filters,3,
                                        padding='same')
        self.conv_beta = layers.Conv2D(filters,3,
                                       padding='same')
```

接下来，得到激活图的尺寸，以便稍后调整大小：

```
def build(self,input_shape):
    self.resize_shape = input_shape[1:3]
```

最后，在 call()中将网络层和各种操作结合在一起，如下所示：

```
def call(self,input_tensor,raw_mask):
    mask = tf.image.resize(raw_mask,self.resize_shape,
                           method='nearest')
    x = self.conv(mask)
    gamma = self.conv_gamma(x)
    beta = self.conv_beta(x)
    mean,var = tf.nn.moments(input_tensor,
                             axes=(0,1,2),keepdims=True)
    std=tf.sqrt(var+self.epsilon)
    normalized = (input_tensor-mean)/std
    output = gamma*normalized+beta
    return output
```

这是一个基于 SPADE 设计图的简单实现。接下来，看看如何使用 SPADE。

3. 将 SPADE 插入残差块内

GauGAN 使用生成器中的残差块，现在我们来了解如何将 SPADE 插入残差块中。

SPADE 残差块中的基本构建块是 **SPADE-ReLU-Conv** 层。每个 SPADE 接收两个输入——来自前一层的激活和语义分割图。

与标准残差块一样，有两个卷积 ReLU 层和一个跳跃连接。每当残差块前后的通道数发生变化时，跳跃连接将通过图 6.12 中实线框中的子块进行学习。当发生这种情况时，前向路径中两个 SPADE 的输入处的激活映射将具有不同的维度。这没关系，因为在 SPADE 块中有内置的尺寸调整模块。

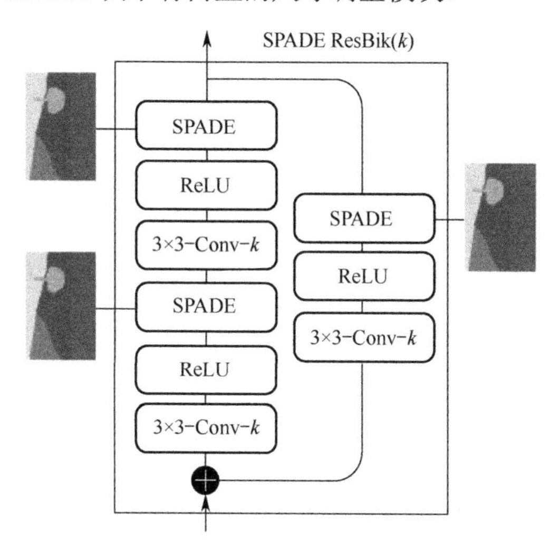

图 6.12　SPADE 残差块

（摘抄：T.Park et. al., 2019, “Semantic Image Synthesis with Spatially-Adaptive Normalization”, https://arxiv.org/abs/1903.07291）

下面是 SPADE 残差块构建所需网络层的代码。

```
class Resblock(layers.Layer):
    def__init__(self,filters):
      super(Resblock,self).__init__()
      self.filters=filters
  def build(self,input_shape):
      input_filter=input_shape[-1]
      self.spade_1=SPADE(input_filter)
      self.spade_2=SPADE(self.filters)
      self.conv_1=layers.Conv2D(self.filters,3,
                                              padding='same')
      self.conv_2=layers.Conv2D(self.filters,3,
                                              padding='same')
      self.learned_skip=False
      if self.filters!=input_filter:
          self.learned_skip=True
          self.spade_3=SPADE(input_filter)
          self.conv_3=layers.Conv2D(self.filters,
                                            3,padding='same')
```

然后，在 call()中将各层连接起来：

```
def call(self,input_tensor,mask):
    x = self.spade_1(input_tensor,mask)
    x = self.conv_1(tf.nn.leaky_relu(x,0.2))
    x = self.spade_2(x,mask)
    x = self.conv_2(tf.nn.leaky_relu(x,0.2))
    if self.learned_skip:
        skip = self.spade_3(input_tensor,mask)
        skip = self.conv_3(tf.nn.leaky_relu(skip,0.2))
    else:
        skip = input_tensor
    output = skip+x
    return output
```

原始的 GauGAN 实现中在卷积层之后应用谱归一化，这是将在第 8 章“图像生成的自注意力机制”中讨论的另一种常态，那时会具体讨论自注意力 GAN。现在跳过这些内容，并将残差块放在一起来实现 GauGAN。

6.3.3 实际应用 GauGAN

依次构建生成器和判别器，然后实现损失函数并开始训练 GauGAN。

1. 构建 GauGAN 生成器

在深入研究 GauGAN 生成器之前，先对之前的一些生成器进行修改。在 pix2pix 中，生成器只接收一种输入——语义分割图。由于网络中没有随机性，因此给定相同的输入，它总是会生成具有相同颜色和纹理的建筑图，并且输入与随机噪声相连的单纯方法不起作用。

BicycleGAN（第 4 章“图像到图像的翻译”）解决此问题的两种方法之一是使用编码器将目标图像（真实照片）编码为潜在向量，然后使用潜在向量对随机噪声进行采样，作为生成器的输入。这种 cVAE-GAN 结构用于 GAN 生成器，有两个输入到生成器，即语义分割掩码和真实的照片。

在 GauGAN 网页应用程序中，可以生成与我们选择的照片风格类似的图像，这也可以通过使用编码器将风格信息编码到潜在变量中来实现。编码器的代码与前几章中使用的代码相同，下面将重点介绍生成器架构，请复习第 4 章“图像到图像的翻译”中编码器实现的内容。

GauGAN 生成器架构如图 6.13 所示，生成器是一个类似解码器的体系结构，两者的主要区别是分割掩码通过 SPADE 进入每个残差块。GauGAN 选择的潜在变量维数是 256。

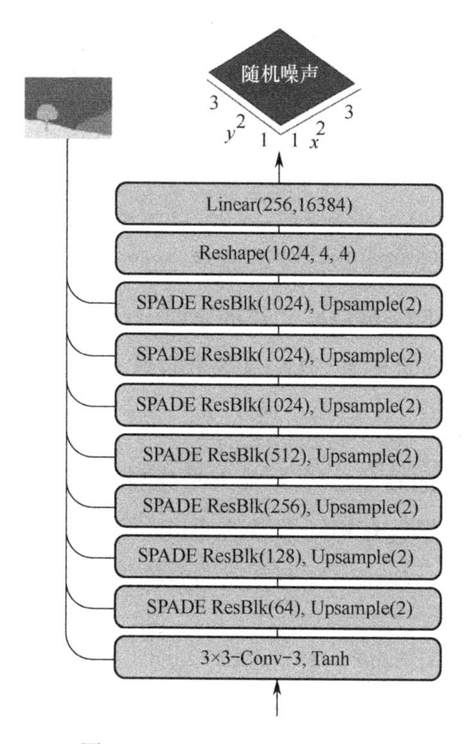

图 6.13 GauGAN 生成器架构

（摘抄：T.Park et al., 2019, “Semantic Image Synthesis with Spatially-Adaptive Normalization”, https://arxiv.org/abs/1903.07291）

编码器不是生成器的组成部分，我们可以选择不使用标准多元高斯分布的任何风格的图像和样本。

下面是使用之前编写的残差块构建生成器的代码：

```
def build_generator(self):
    DIM=64
    z=Input(shape=(self.z_dim))
    mask=Input(shape=self.input_shape)
```

```
x=Dense(16384)(z)
x=Reshape((4,4,1024))(x)
x=UpSampling2D((2,2))(Resblock(filters=1024)(x,mask))
x=UpSampling2D((2,2))(Resblock(filters=1024)(x,mask))
x=UpSampling2D((2,2))(Resblock(filters=1024)(x,mask))
x=UpSampling2D((2,2))(Resblock(filters=512)(x,mask))
x=UpSampling2D((2,2))(Resblock(filters=256)(x,mask))
x=UpSampling2D((2,2))(Resblock(filters=128)(x,mask))
x=tf.nn.leaky_relu(x,0.2)
output_image=tanh(Conv2D(3,4,padding='same')(x))
return Model([z,mask],output_image,name='generator')
```

现在知道了所有能使 GauGAN 工作的东西——SPADE 和生成器。网络架构的其余部分为从之前学习过的其他 GAN 借鉴来的想法。

2. 构建判别器

构建的判别器为 PatchGAN，其中输入是分割图和生成的图像的拼接。分割图必须与生成的 RGB 图像具有相同数量的通道，所以使用 RGB 分割图而不使用 one-hot 编码的分割掩码。GauGAN 判别器的结构如图 6.14 所示。

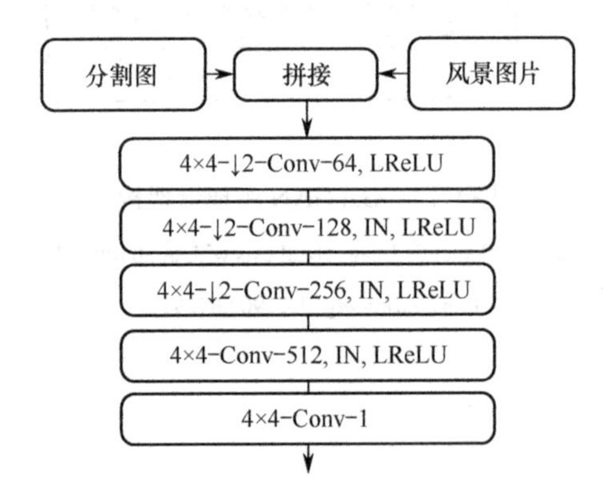

图 6.14 GauGAN 判别器的结构

（摘抄：T.Park et al., 2019, “Semantic Image Synthesis with Spatially-Adaptive Normalization”, https://arxiv.org/abs/1903.07291）

除了最后一层，判别器层包括以下内容：

- 一个卷积层，卷积核大小为 4×4，下行采样的步长为 2。
- 实例归一化（除了第一层）。
- Leaky ReLU。

GauGAN 使用多个不同尺度的判别器。由于数据集图像具有低分辨率 256×256，因此一个判别器就足够了。如果要使用多个判别器，对于下一个判别器，需要做的是将输入尺寸下采样为原来的一半，并计算所有判别器的平均损失。单个 PatchGAN 的代码实现如下：

```
def build_discriminator(self):
    DIM=64
    model = tf.keras.Sequential(name='discriminators')
    input_image_A = layers.Input(shape=self.image_shape,
                            name='discriminator_image_A')
    input_image_B=layers.Input(shape=self.image_shape,
                            name='discriminator_image_B')
    x = layers.Concatenate()([input_image_A,input_image_B])
    x1 = self.downsample(DIM,4,norm=False)(x)#128
    x2 = self.downsample(2*DIM,4)(x1)#64
    x3 = self.downsample(4*DIM,4)(x2)#32
    x4 = self.downsample(8*DIM,4,strides=1)(x3)#29
    x5 = layers.Conv2D(1,4)(x4)
    outputs = [x1,x2,x3,x4,x5]
    return Model([input_image_A,input_image_B],outputs)
```

除了判别器返回所有下采样块的输出外，其余都与 pix2pix 相同。那为什么我们又需要它呢？这就引出了关于损失函数的讨论。

3. 特征匹配损失

特征匹配损失已经成功地应用于风格迁移。使用预先训练的 VGG 提取内容和风格特征，并计算目标图像和生成图像之间的损失。内容特征仅仅是 VGG 中多个卷积块的输出，GauGAN 采用内容损失代替 L1 重建损失，这在 GAN 中很常见。原因是一方面重建损失是逐像素进行比较的，即使人眼看到的是相同的图像，但如果图像的位置发生了变化，则损失也会很大。

另一方面，卷积层的内容特征是空间不变的。因此，当使用内容损失对建筑图数据集进行训练时，生成的建筑看起来不是那么模糊，线条看起来更直。风格迁移文献中的内容损失有时被称为代码中的 VGG 损失，因为人们喜欢使用 VGG 来提取特征。

为什么人们仍然喜欢使用旧版的 VGG?

较新的 CNN 架构（如 ResNet）在性能上早已超越了 VGG，并在图像分类中实现了更高的精度。那么，为什么人们还在使用 VGG 进行特征提取呢？一些人尝试了使用 Inception 和 ResNet 进行神经风格转换，然而发现使用 VGG 生成的结果在视觉上更令人愉快。这可能是由于 VGG 架构的层次结构，它的层间信道数量单调增加。这允许从低级到高级表示平滑地进行特征提取。

相比之下，ResNet 的残差块有一个类似瓶颈的设计，它将输入激活通道（比如 256）压缩到一个较低的数字（比如 64），然后再恢复到一个较高的数字（又是 256）。残差块也有一个跳跃连接，可以为分类任务"走私"信息并绕过卷积层特征提取。

计算 VGG 特征损失的代码如下：

```
def VGG_loss(self,real_image,fake_image):
    #RGB to BGR
    x = tf.reverse(real_image,axis=[-1])
    y = tf.reverse(fake_image,axis=[-1])
    #[-1,+1] to [0,255]
    x = tf.keras.applications.vgg19.preprocess_input(
                                                  127.5*(x+1))
    y = tf.keras.applications.vgg19.preprocess_input(
                                                  127.5*(y+1))
    #extract features
    feat_real=self.vgg(x)
    feat_fake=self.vgg(y)
    weights =[1./32,1./16,1./8,1./4,1.]
    loss = 0
    mae = tf.keras.losses.MeanAbsoluteError()
    for i in range(len(feat_real)):
        loss += weights[i]*mae(feat_real[i],feat_fake[i])
    return loss
```

在计算 VGG 损失时，首先将图像由[−1, +1]转换为[0, 255]，由 RGB 转换为 BGR，这是 Keras 的 VGG preprocess 函数所希望的图像格式。GauGAN 为更高的层提供了更多的权重，以强调结构的准确性，这是为了将生成的图像与分割掩码对齐。无论如何，这不是一成不变的，你可以尝试不同的权重。

特征匹配也被用于鉴别器，在鉴别器中我们提取真假图像的鉴别器层输出。计算判别器 L1 特征匹配损失的代码如下：

```
def feature_matching_loss(self,feat_real,feat_fake):
    loss = 0
    mae = tf.keras.losses.MeanAbsoluteError()
    for i in range(len(feat_real)-1):
      loss += mae(feat_real[i],feat_fake[i])
    return loss
```

除此之外，编码器还会有 **KL 散度损失**，最后一种损失是**铰链损失**，作为新的对抗性损失。

4. 铰链损失

铰链损失可能是 GAN 领域的新秀，但它长期以来一直被用于支持向量机（SVM）分类，它使决策边界的边际最大化。图 6.15 显示了正（真）标签和负（假）标签的铰链损失。

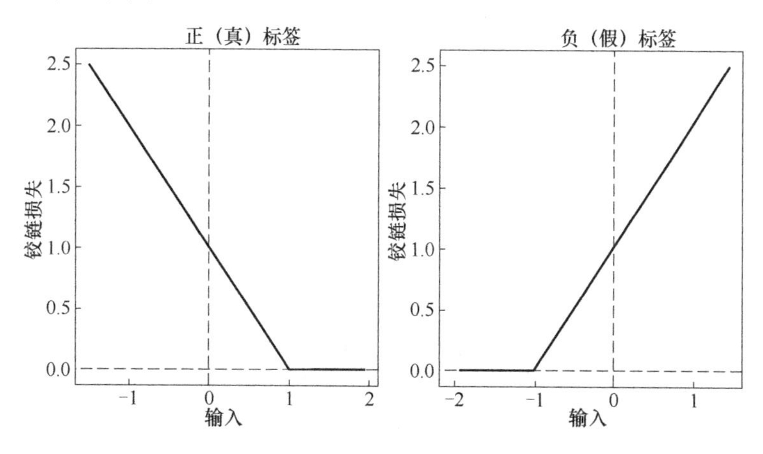

图 6.15　判别器的铰链损失

左边是当输入为真实图像时判别器的铰链损失。当判别器使用铰链损失作为损失函数时，预测大于 1 时，损失有下界 0；如果小于 1，损失就会增加，因为没有预测到真实的图像。对于假图像，情况类似，但方向相反：假图像预测小于−1 时，铰链损失为 0；超过阈值后，铰链损失线性增加。

可以通过以下基本的数学运算来实现铰链损失：

```
def d_hinge_loss(y,is_real):
    if is_real:
```

```
        loss=tf.reduce_mean(tf.maximum(0.,1-y))
    else:
        loss=tf.reduce_mean(tf.maximum(0.,1+y))
    return loss
```

另一种方法是使用 TensorFlow 的铰链损失 API：

```
def hinge_loss_d(self,y,is_real):
    label = 1. If is_realelse-1.
    loss = tf.keras.losses.Hinge()(y,label)
    return loss
```

生成器的损失不是真正的铰链损失，只是预测的负平均数。这是无界的，所以预测得分越高损失越小：

```
def g_hinge_loss(y):
    return -tf.reduce_mean(y)
```

现在，已经拥有了使用训练框架训练 GauGAN 所需的一切，就像在第 5 章中所做的那样。图 6.16 是使用分割蒙版生成的图像。

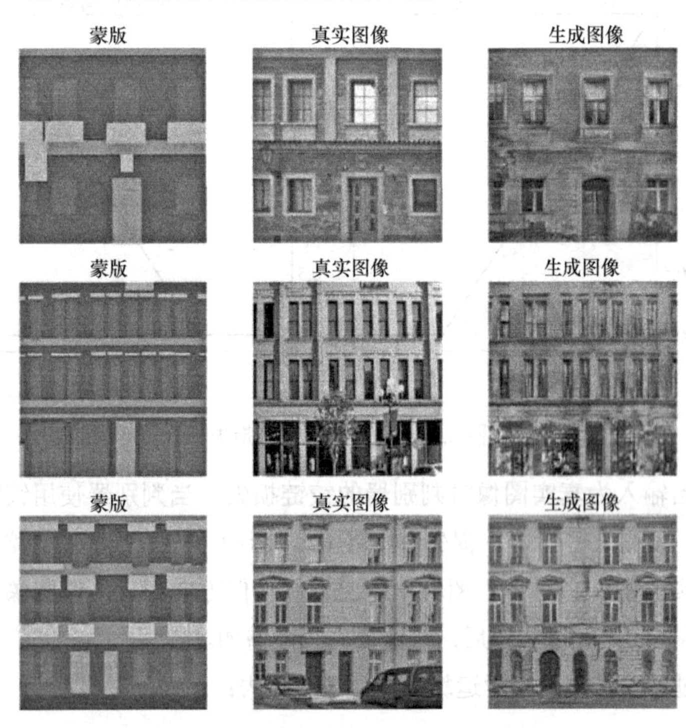

图 6.16　由 GauGAN 使用分割蒙版生成的图像

它们看起来比 pix2pix 和 CycleGAN 的效果好得多，如果将真实图像的风格编码为随机噪声，生成的图像将与真实图像几乎无法区分，在计算机上看的确令人赞叹。

6.4 本章小结

在图像编辑中使用人工智能已经很普遍了，所有这些都是在 iGAN 被引入的时候开始的。我们了解了 iGAN 的关键原理，即首先将图像投影到流形上，然后直接在流形上进行编辑；接下来对潜在变量进行优化，生成一个经过编辑的看起来很自然的图像，这与之前只能通过控制潜在变量间接改变生成图像的方法不同。

GauGAN 结合了许多先进的技术，从语义分割蒙版生成清晰的图像，这包括铰链损失和特征匹配损失的使用。不过关键要素是 SPADE，它在使用分割掩码作为输入时提供了优越的性能。SPADE 对局部分割图进行归一化处理以保留其语义意义，这有助于生成高质量的图像。到目前为止，我们一直使用 256×256 分辨率的图像来训练网络。正如在介绍 pix2pixHD 时简要讨论的那样，现在有足够成熟的技术来生成高分辨率的图像。

在第 7 章中，我们将转向使用先进模型如 ProgressiveGAN 和 StyleGAN 的高分辨率图像领域。

第3篇

高级深度生成技术

本篇将介绍 GAN 的应用，但会有更高级的技术，每一章都会介绍给定任务的最新模型。最后通过讨论该领域的未来进展来结束本篇内容。

- 第 7 章　高保真人脸生成
- 第 8 章　图像生成的自注意力机制
- 第 9 章　视频合成
- 第 10 章　总结与展望

第 7 章　高保真人脸生成

由于损失函数和归一化技术得到改进，GAN 的训练变得更加稳定，人们开始将注意力转移到试图生成更高分辨率的图像上。以前大多数 GAN 只能生成 256×256 分辨率的图像，向生成器添加更多放大层也无济于事。

本章将讨论能够生成 1024×1024 及以上高分辨率图像的技术。首先实现称为渐进式 GAN（缩写为 ProGAN）的开创性 GAN，这是第一个成功生成 1024×1024 高保真人脸肖像的 GAN。高保真不仅意味着高分辨率，还意味着与真实人脸的高度相似。假设生成一个高分辨率的人脸图像，但是它有四只眼睛，那么保真度就不高。

然后实现 StyleGAN，它是构建在 ProGAN 之上的，同时结合了风格迁移中的 AdaIN，允许通过更精细的风格控制和风格混合来生成各种各样的图像。

本章主要涵盖以下学习内容：

- ProGAN 概述。
- ProGAN 的建立。
- 实现 StyleGAN。

7.1 技术要求

相关 Jupyter Notebook 和代码可以在链接 26 中找到。

本章所用的文件内容列表如下：

- ch7_progressive_gan.ipynb
- ch7_style_gan.ipynb

7.2 ProGAN 概述

在典型的 GAN 设置中生成器输出的形状是固定的，训练图像的大小不会改变。如果想尝试将图像分辨率提高一倍，可以在生成器架构中添加一个额外的上采样层，然后从头开始训练。人们尝试过用这种硬算的方法来提高图像分辨率，但都失败了。放大的图像分辨率和网络尺寸增加了维数空间，使得学习更加困难。

CNN 面临着同样的问题，最后通过使用批量归一化层解决了这个问题，但该方法在 GAN 中并不适用。ProGAN 的思想不是同时训练所有的层，而是从训练生成器和判别器中的最低层开始，以便在添加新层之前稳定层的权重，可以把它看作是用较低分辨率对网络进行预训练。这一理念是 ProGAN 带来的核心创新，在 T. Karras 等人的学术论文 *Progressive Growing of GANs for Improved Quality, Stability, and Variation* 中有详细描述。在 ProGAN 中网络的训练过程如图 7.1 所示。

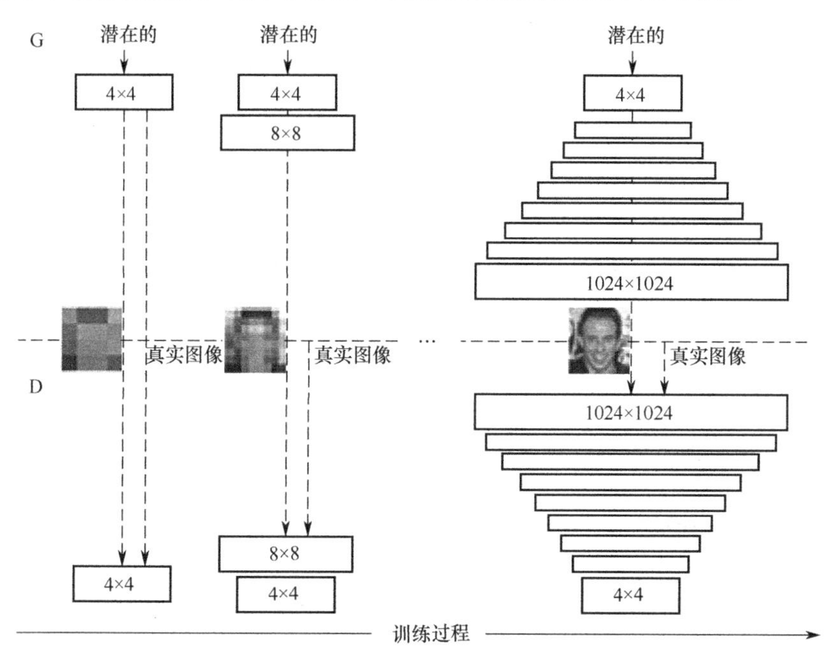

图 7.1　层的逐渐训练过程示意图

（摘自 T. Karras et al. 2018, "Progressive Growing of GANs for Improved Quality, Stability, and Variation", https://arxiv.org/abs/1710.10196）

像 Vanilla GAN 一样，ProGAN 的输入是从随机噪声中采样的潜在向量。如图 7.1 所示，从 4×4 分辨率的图像开始，在生成器和判别器中只有一个块。在 4×4 分辨率下训练一段时间后为 8×8 分辨率添加了新图层，一直保持这样的做法，直到最终达到图像分辨率为 1024×1024。图 7.2 中的 256×256 图像是使用 ProGAN 生成并由英伟达公司发布的，图像质量令人叹为观止，他们看起来确实与真实的面孔难以区分。

图 7.2 ProGAN 生成的高保真图像

（来源：https://github.com/tkarras/progressive_growing_of_gans）

客观地讲，优质图像生成主要取决于网络的逐步增长。ProGAN 的网络体系结构非常简单，仅由卷积层和全连接层组成，而不是更复杂的体系结构，如在 GAN 中更常见的残差块或 VAE 类体系结构。直到 ProGAN 和 StyleGAN 2 推出两代之后，那些作者才开始探索这些简单的网络架构，它们的损失函数也很简单，只有 WGAN-GP 损失，没有内容损失、重建损失或 KL 散度损失等其他损失。但在逐步实现增长层的核心部分之前，我们应该先完成下列几个小的创新：

- 像素归一化。
- 小批量统计。
- 均衡学习率。

7.2.1 像素归一化

批量归一化应当减少协变量的偏移，但 ProGAN 的作者在网络训练中没有观察到这一点。从而放弃了批量归一化，并为生成器使用自定义归一化，即像素归一化。后来其他研究人员发现，尽管深度神经网络的训练得到了稳定，但批量归一化并不能真正解决协变量问题。

无论如何，ProGAN 中归一化的目的是限制权重值，以防止它们呈指数级增长。较大的权重可能会使信号幅度增大，并导致生成器和判别器之间的恶性竞争。像素归一化把通道维度上的每个像素位置（H, W）的特征归一化到单位长度。如果张量是一个维数为（N, H, W, C）的批量 RGB 图像，则任何像素的 RGB 矢量的最大值都为 1。

可以使用自定义层来实现这个等式，如下面的代码所示：

```
class PixelNorm(Layer):
    def __init__(self, epsilon=1e-8):
        super(PixelNorm, self).__init__()
        self.epsilon = epsilon
    def call(self, input_tensor):
        return input_tensor / tf.math.sqrt(
        tf.reduce_mean(input_tensor**2,
        axis=-1, keepdims=True) +
        self.epsilon)
```

与其他归一化方法不同，像素归一化没有任何可学习的参数，它只包含简单的算术运算，因此运行起来计算效率很高。

7.2.2　使用小批量统计增加图像变化

当 GAN 只捕获训练数据中变量的一个子集时，会生成相似的图像，从而发生模式崩塌。捕获更多变量的一种方法是向判别器显示小批量的统计信息。与单个实例相比，来自小批量的统计信息更加多样化，这使得生成器生成显示类似统计信息的图像。

批量归一化使用小批量统计信息来归一化激活，这在某种程度上达到了上述目的。但是 ProGAN 不使用批量归一化，相反，它使用一个小批量层来计算小批量标准差并将其附加到激活中，而不改变激活本身。

计算小批量统计信息的步骤如下：

（1）计算小批量中每个空间位置上（维度为 N）每个特征的标准差。

（2）计算这些标准差在（H, W, C）维度的平均值，以达到单一的尺度值。

（3）在（H, W）的特征图上复制这个值，并将其附加到激活中，输出激活具有（N, H, W, C+1）的形状。

下面是小批量标准差自定义层的代码：

```
class MinibatchStd(Layer):
    def __init__(self, group_size=4, epsilon=1e-8):
        super(MinibatchStd, self).__init__()
        self.epsilon = epsilon
        self.group_size = group_size
    def call(self, input_tensor):
```

```
    n, h, w, c = input_tensor.shape
    x = tf.reshape(input_tensor, [self.group_size,
                  -1, h, w, c])
    group_mean, group_var = tf.nn.moments(x,
                                         axes=(0),
                                         keepdims=False)
    group_std = tf.sqrt(group_var + self.epsilon)
    avg_std = tf.reduce_mean(group_std, axis=[1,2,3],
                                         keepdims=True)
    x = tf.tile(avg_std, [self.group_size, h, w, 1])
    return tf.concat([input_tensor, x], axis=-1)
```

在计算标准差之前，激活首先被分成若干组，组数是批量大小和 4 中的较小值。为了简化代码，假设在训练期间批量大小至少为 4。小批量层可以插入判别器的任何位置，但发现它在接近末端时更有效，即 4×4 层。

7.2.3 均衡学习率

均衡学习率这个名称可能会引起误解，因为均衡学习率并不会像学习率衰减那样修改学习率。事实上，优化器的学习率在整个训练过程中是保持不变的。为了理解这一点，回顾一下反向传播是如何工作的，当使用简单的随机梯度下降（SGD）优化器时，在更新权重之前，负梯度乘以学习率。因此，靠近生成器输入的图层将得到较小的梯度（还记得消失的梯度吗？）。

如果想让一个层有更大的梯度，该如何做呢？假设执行一个简单的矩阵乘法 $\boldsymbol{y} = \boldsymbol{w} \times \boldsymbol{x}$，加上一个常数 2，使其等于 $\boldsymbol{y} = 2 \times \boldsymbol{w} \times \boldsymbol{x}$。在反向传播过程中，梯度也将乘以 2，因此变得更大。然后可以为不同的层设置不同的系数常量，从而有效地拥有不同的学习率。

在 ProGAN 中，这些系数常量是从 He 的初始化值计算出来的。He 或 Kaiming initialization 以 ResNet 的发明者 He Kaiming 命名。权重初始化是专门为使用 ReLU 系列激活函数的网络设计的。通常，使用具有指定标准差的正态分布初始化权重，如在前几章中使用了 0.02。He 不用猜测标准差，而是使用下列公式计算：

$$\text{std} = \sqrt{\frac{2}{\text{fan in}}} \tag{7-1}$$

公式中的 **fan in** 是除了输出通道之外的权重维数的乘法。对于形状（kernel,

kernel, channel_in, channel_out）的卷积权重，fan in 是 kernel、kernel 和 channel_in 的乘积。为了在权重初始化中使用它，可以将 tf.keras.initializers.he_normal 传递给 Keras 层。但是，均衡学习率在运行时就会实现这一点，因此我们编写自定义层来计算标准差。

默认初始化的增益系数为 2，但 ProGAN 使用较低的全连接层增益作为 4×4 生成器的输入。ProGAN 使用标准正态分布来初始化层权重，并使用其归一化常数对它进行缩放。这与 GAN 中常见的小心翼翼地对权重进行初始化的趋势不同。现在，编写一个使用像素规格化的自定义 Conv2D 层：

```
class Conv2D(layers.Layer):
    def build(self, input_shape):
        self.in_channels = input_shape[-1]
        fan_in = self.kernel*self.kernel*self.in_channels
        self.scale = tf.sqrt(self.gain/fan_in)
    def call(self, inputs):
        x = tf.pad(inputs, [[0, 0], [1, 1], [1, 1],
                            [0, 0]], mode='REFLECT') \
                        if self.pad else inputs
        output = tf.nn.conv2d(x, self.scale*self.w,
                              strides=1,
                              padding="SAME") + self.b
        return output
```

官方的 ProGAN 在卷积层中使用零填充，可以看到边界伪影，尤其是在查看低分辨率图像时。因此，除 1×1 内核不需要填充外，我们都添加了反射填充。较大的层具有较小的比例因子，可以有效地降低梯度和学习率，这会导致根据层大小调整学习率，让大层中的权重不会增长太快，因此称之为均衡学习率。

自定义的 Dense 层可以用类似的方式进行编写：

```
class Dense(layers.Layer):
    def __init__(self, units, gain=2, **kwargs):
        super(Dense, self).__init__(kwargs)
        self.units = units
        self.gain = gain
    def build(self, input_shape):
        self.in_channels = input_shape[-1]
        initializer = \
```

```
            tf.keras.initializers.RandomNormal(
                                        mean=0., stddev=1.)
        self.w = self.add_weight(shape=[self.in_channels,
                                             self.units],
                                 initializer=initializer,
                                 trainable=True,
                                 name='kernel')
        self.b = self.add_weight(shape=(self.units,),
                                 initializer='zeros',
                                 trainable=True,
                                     name='bias')
        fan_in = self.in_channels
        self.scale = tf.sqrt(self.gain/fan_in)
        def call(self, inputs):
        output = tf.matmul(inputs,
                                 self.scale*self.w) + self.b
        return output
```

请注意，自定义层在构造函数中接收**kwargs，这意味着可以为全连接层传递常用的 Keras 关键字参数。现在已经具备了在下一节中构建 ProGAN 所需的所有要素。

7.3 ProGAN 的建立

现在已经了解了 ProGAN 的三个特征——像素归一化、小批量标准差统计和均衡学习率。下一步将深入研究网络架构，并看看如何逐步发展网络。ProGAN 中图像的大小随着网络层的增加而增加，从 4×4 的分辨率开始，然后将倍增至 8×8、16×16，依次类推至 1024×1024。因此，首先编写代码，按照每个尺度构建层块。下面我们会发现生成器和判别器的构建块非常简单。

7.3.1 生成器块的建立

生成器块是生成器的基础，我们首先构建以潜码作为输入的 4×4 生成器块。在输入全连接层之前，输入由 PixelNorm 完成归一化。较低的增益用于该层的均衡学习率，Leaky ReLU 和像素归一化在所有的生成器块中使用。我们按照如下方式构建生成器：

```
def build_generator_base(self, input_shape):
    input_tensor = Input(shape=input_shape)
    x = PixelNorm()(input_tensor)
    x = Dense(8192, gain=1./8)(x)
    x = Reshape((4, 4, 512))(x)
    x = LeakyReLU(0.2)(x)
    x = PixelNorm()(x)
    x = Conv2D(512, 3, name='gen_4x4_conv1')(x)
    x = LeakyReLU(0.2)(x)
    x = PixelNorm()(x)
    return Model(input_tensor, x,
                        name='generator_base')
```

在 4×4 生成器块之后，所有后续块都有相同的体系架构，包括一个上采样层和两个卷积层，唯一的区别是卷积滤波器的大小。在 ProGAN 的默认设置中，大小为 512 的滤波器用于 32×32 生成器块，然后在每个阶段减半，最终在 1024×1024 处达到 16，如下所示：

```
self.log2_res_to_filter_size = {
    0: 512,
    1: 512,
    2: 512, # 4x4
    3: 512, # 8x8
    4: 512, # 16x16
    5: 512, # 32x32
    6: 256, # 64x64
    7: 128, # 128x128
    8: 64, # 256x256
    9: 32, # 512x512
    10: 16} # 1024x1024
```

为了简化编码，可以用以 2 为底的对数来线性化分辨率，即 $\log_2 4 = 2$, $\log_2 8 = 3, \cdots, \log_2 1024 = 10$。然后，在 $\log_2$ 中从 2 到 10 对分辨率进行线性循环，如下所示：

```
def build_generator_block(self, log2_res, input_shape):
    res = 2**log2_res
    res_name = f'{res}x{res}'
    filter_n = self.log2_res_to_filter_size[log2_res]
    input_tensor = Input(shape=input_shape)
    x = UpSampling2D((2,2))(input_tensor)
```

```
    x = Conv2D(filter_n, 3,
            name=f'gen_{res_name}_conv1')(x)
    x = PixelNorm()(LeakyReLU(0.2)(x))
    x = Conv2D(filter_n, 3,
            name=f'gen_{res_name}_conv2')(x)
    x = PixelNorm()(LeakyReLU(0.2)(x))
    return Model(input_tensor, x,
            name=f'genblock_{res}_x_{res}')
```

现在可以使用这段代码来构建从 4×4 一直到目标分辨率的所有生成器块了。

7.3.2 判别器块的建立

接下来把注意力转移到判别器上，基础判别器分辨率为 4×4，它获取 4×4×3 图像并预测图像是真或假，先后需要使用一个卷积层和两个全连接层。与生成器不同，判别器不使用像素归一化，其实它根本没有使用归一化。我们将插入小批量标准差层，如下所示：

```
def build_discriminator_base(self, input_shape):
    input_tensor = Input(shape=input_shape)
    x = MinibatchStd()(input_tensor)
    x = Conv2D(512, 3, name='gen_4x4_conv1')(x)
    x = LeakyReLU(0.2)(x)
    x = Flatten()(x)
    x = Dense(512, name='gen_4x4_dense1')(x)
    x = LeakyReLU(0.2)(x)
    x = Dense(1, name='gen_4x4_dense2')(x)
    return Model(input_tensor, x,
                    name='discriminator_base')
```

之后，判别器使用两个卷积层，然后向下采样，在每个阶段使用平均池化：

```
def build_discriminator_block(self, log2_res, input_shape):
    filter_n = self.log2_res_to_filter_size[log2_res]
    input_tensor = Input(shape=input_shape)
    x = Conv2D(filter_n, 3)(input_tensor)
    x = LeakyReLU(0.2)(x)
    filter_n = self.log2_res_to_filter_size[log2_res-1]
    x = Conv2D(filter_n, 3)(x)
    x = LeakyReLU(0.2)(x)
```

```
    x = AveragePooling2D((2,2))(x)
    res = 2**log2_res
    return Model(input_tensor, x,
                 name=f'disc_block_{res}_x_{res}')
```

现在已经定义了所有的基本构建块。接下来，看看如何将它们结合在一起逐步发展网络。

7.3.3　逐步发展网络

发展网络是 ProGAN 中最重要的部分，可以使用前面的函数来创建不同分辨率的生成器块和判别器块，现在要做的就是把它们连在一起。图 7.3 显示了网络增长的过程，阅读时注意从左至右浏览。

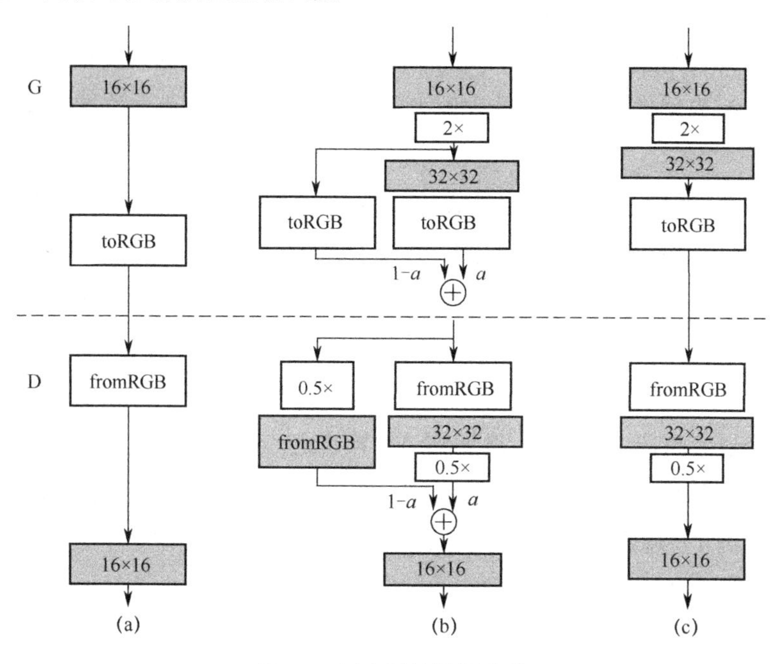

图 7.3　逐步增长层的说明

（摘自 T. Karras et al. 2018, "Progressive Growing of GANs for Improved Quality, Stability, and Variation", https://arxiv.org/abs/1710.10196）

在构建的生成器块和判别器块中，假设输入和输出都是层激活，而不是 RGB 图像。因此，需要将激活从生成器块转换为 RGB 图像。类似地，对于判别器而言，需要将图像转换为激活层的输出，如图 7.3（a）所示。

我们将创建另外两个函数来构建块，以便在 RGB 图像之间进行转换，这两个块都使用 1×1 卷积层，其中 to_rgb 块使用大小为 3 的滤波器来匹配 RGB 通道，from_rgb 块使用的滤波器大小与该比例下的鉴频器块的输入激活相匹配。这两个函数的代码如下：

```
def build_to_rgb(self, res, filter_n):
    return Sequential([Input(shape=(res, res, filter_n)),
                       Conv2D(3, 1, gain=1,
                       activation='tanh')])
def build_from_rgb(self, res, filter_n):
    return Sequential([Input(shape=(res, res, 3)),
                       Conv2D(filter_n, 1),
                       LeakyReLU(0.2)])
```

现在，假设网络是 16×16，这意味着已经有 8×8 和 4×4 分辨率较低的层。现在要将 32×32 的层放大，但是，如果在网络中添加一个新的未经训练的层，新生成的图像看起来就像噪声，会导致巨大的损失，这反过来会导致梯度爆炸或不稳定的训练。

为了减少这种干扰，新图层生成的 32×32 图像不会立即使用。相反，我们从上一阶段对 16×16 图像进行上采样，并淡入（fade）新的 32×32 图像。淡入是图像处理中的一个技术术语，指的是逐渐增加图像的不透明度。这是通过使用加权和实现的，加权和的公式如下：

$$\text{image} = \alpha \times \text{image}_{\log 2\_\text{res}} + (1-\alpha) \times \text{image}_{\log 2\_\text{res}-1} \tag{7-2}$$

在这个过渡阶段，α 从 0 增加到 1。换言之，在初始阶段，我们完全丢弃新层中的图像，使用先前训练层中的图像；然后，当只使用新图层生成的图像时，将线性增加到 1，稳定状态如图 7.3（c）所示。我们可以实现一个自定义层来执行加权求和，如下所示：

```
class FadeIn(Layer):
    @tf.function
    def call(self, input_alpha, a, b):
        alpha = tf.reduce_mean(input_alpha)
        y = alpha * a + (1. - alpha) * b
        return y
```

当使用子类定义一个层时，可以将标量 α 传递给函数。然而，当使用 **Sequential** 来定义 Keras 模型时，这是不可能的，模型中的变量如 self.alpha =

tf.Variable(1.0)，在我们编译模型时转换为常量，并且不能在训练中更改。

传递标量 α 的一种方法是用子类化来编写整个模型，笔者觉得在这种情况下使用过程式或函数式 API 来创建模型更方便。为了解决这个问题，我们将 α 定义为模型的输入。但是，模型输入被认为是一个小批量，具体来说，如果定义 Input(shape=(1))，它的实际形状将是(None, 1)，那么其中第一个维度是批量大小。因此，FadeIN()中的 tf.reduce_mean()用于将批量值转换为标量值。

现在，可以按照以下步骤将生成器扩展到（例如）32×32：

（1）添加一个 4×4 生成器，输入是一个潜在向量。

（2）在循环中，逐渐添加增加分辨率的生成器，直至目标分辨率之前的生成器（示例中为 16×16）。

（3）从 16×16 开始添加 to_rgb，并且对其上采样直至 32×32。

（4）添加 32×32 生成块。

（5）淡入两个图像，创建一个最终的 RGB 图像。

代码如下：

```
def grow_generator(self, log2_res):
    res = 2**log2_res
    alpha = Input(shape=(1))
    x = self.generator_blocks[2].input
    for i in range(2, log2_res):
        x = self.generator_blocks[i](x)
    old_rgb = self.to_rgb[log2_res-1](x)
    old_rgb = UpSampling2D((2,2))(old_rgb)
    x = self.generator_blocks[log2_res](x)
    new_rgb = self.to_rgb[log2_res](x)
    rgb = FadeIn()(alpha, new_rgb, old_rgb)
    self.generator = Model([self.generator_blocks[2].input,
                                     alpha], rgb,
                                      name=f'generator_{res}_x_{res}')
```

判别器的扩展也是类似的，但方向相反，如下所示：

（1）假如输入图像的分辨率为 32×32，将 from_rgb 添加到 32×32 的判别器块中，输出具有 16×16 特征图的激活。

（2）并行地，向下采样输入图像到 16×16，并将 from_rgb 添加到 16×16 的判别器块中。

（3）淡入前面两个特性，并将其输入下一个 8×8 的判别器块中。

（4）继续将判别器块添加到最开始的 4×4 层，其中输出是单个预测值。

下面是判别器的扩展代码：

```
def grow_discriminator(self, log2_res):
    res = 2**log2_res
    input_image = Input(shape=(res, res, 3))
    alpha = Input(shape=(1))
    x = self.from_rgb[log2_res](input_image)
    x = self.discriminator_blocks[log2_res](x)
    downsized_image = AveragePooling2D((2,2))(input_image)
    y = self.from_rgb[log2_res-1](downsized_image)
    x = FadeIn()(alpha, x, y)
    for i in range (log2_res-1, 1, -1):
        x = self.discriminator_blocks[i](x)
    self.discriminator = Model([input_image, alpha], x,
                    name=f'discriminator_{res}_x_{res}')
```

最后，用生长的生成器和判别器构建一个模型，如下所示：

```
def grow_model(self, log2_res):
    self.grow_generator(log2_res)
    self.grow_discriminator(log2_res)
    self.discriminator.trainable = False
    latent_input = Input(shape=(self.z_dim))
    alpha_input = Input(shape=(1))
    fake_image = self.generator([latent_input, alpha_input])
    pred = self.discriminator([fake_image, alpha_input])
    self.model = Model(inputs=[latent_input, alpha_input],
                       outputs=pred)
    self.model.compile(loss=wasserstein_loss,
                       optimizer=Adam(**self.opt_init))
    self.optimizer_discriminator = Adam(**self.opt_init)
```

在添加新层后重置优化器状态，这是因为像 Adam 这样的优化器具有存储每个层的梯度历史的内部状态。最简单的方法可能是使用相同的参数实例化一个新的优化器。

7.3.4 损失函数

读者可能已经注意到前面的代码片段中的 Wasserstein 损失。没错，生成器使用了 Wasserstein 损失，其中损失函数是预测和标签之间的乘法。该判别器采用 WGAN-GP 梯度惩罚损失。在第 3 章“生成对抗网络”中已经学习过 WGAN-GP，这里简要回顾一下损失函数。

WGAN-GP 在假图像和真图像之间进行插值，并将插值结果反馈给判别器。在此基础上，根据输入插值计算梯度，而不是根据权重计算梯度的常规优化。进而计算梯度惩罚（损失），并将其添加到反向传播的判别器损失中。这里将再次使用在第 3 章“生成对抗网络”中开发的 WGAN-GP，原始的 WGAN-GP 为每个生成器训练步骤训练判别器 5 次，与其不同，ProGAN 对判别器和生成器使用相同的训练量。

除 WGAN-GP 损失外，还有一种额外的损失类型，即漂移损失。判别器输出是无界的，可以是较大的正值或负值，这种漂移损失的作用是防止判别器输出从零向无穷远处漂移。下面的代码片段显示了如何从判别器输出计算漂移损失：

```
# drift loss
all_pred = tf.concat([pred_fake, pred_real], axis=0)
drift_factor = 0.001
drift_loss = drift_factor * tf.reduce_mean(all_pred**2)
```

7.3.5 存在的问题

ProGAN 的训练非常慢，其作者花了 8 个 Tesla V100 GPU 和 4 天时间在 1024×1024 的 CelebA-HQ 数据集上进行训练。如果只使用一个 GPU，那么需要花费超过 1 个月的时间来训练。即使对于相对较低的 256×256 分辨率，使用单个 GPU 训练也需要 2～3 天的时间。在开始训练之前需要考虑到这一点，可以从较低的目标分辨率开始，例如 64×64。

其实，我们不必使用高分辨率数据集，分辨率为 256×256 的数据集就足够了。Jupyter Notebook 中遗漏了输入部分，所以请随意填写输入来加载数据集。有两个流行的 1024×1024 的人脸数据集可以免费下载，供读者参考。

- CelebA-HQ：关于 ProGAN TensorFlow 1 的正式实现可访问链接 27。它需要下载原始的 CelebA 数据集和 HQ 相关的文件，生成脚本还依赖一些过时的库。因此，不建议使用它，可以尝试找到预转换的数据集。

- FFHQ：参见链接 28。这个数据集是为 StyleGAN（ProGAN 的继承者）创建的，比 CelebA-HQ 数据集更多样化。由于服务器设置的下载限制，也可能很难下载。

当下载高分辨率图像时，需要将其缩小到较低的分辨率，以便用于训练。读者可以在运行时执行降低分辨率的操作，但由于执行下采样需要额外的计算，可能会稍微降低训练速度，而且需要更多的内存带宽来传输图像。或者，可以先从原始图像分辨率创建多尺度图像，这样可以节省内存转移和图像大小调整的时间。

另外，需要注意批量大小。随着图像分辨率的提高，存储图像和更大的层激活所需的 GPU 内存也在增加。如果将批量大小设置得太高，将耗尽 GPU 内存。因此，使用 16 的批量大小，从 4×4 到 64×64，然后随着分辨率加倍，将批量大小减半。应该相应地调整批量大小以适合 GPU。图 7.4 显示了使用 ProGAN 从 8×8 到 64×64 分辨率生成的图像。

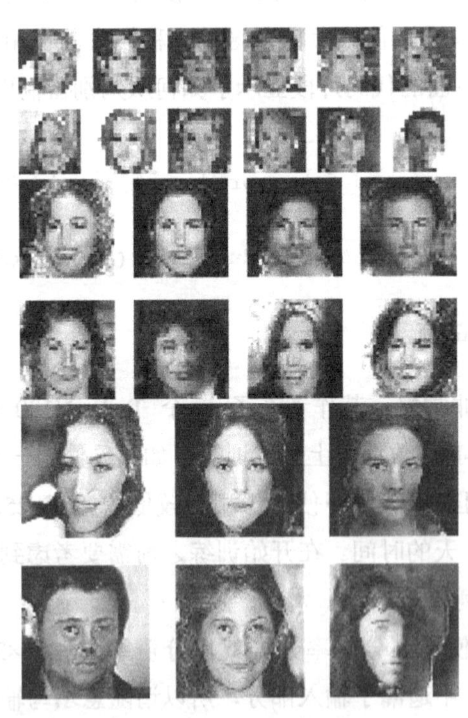

图 7.4 ProGAN 生成的图像

ProGAN 是一个非常精细的模型。在复制本书中的模型时，笔者只实现了关键部分，以匹配原始实现的细节，省略了一些自认为不是那么重要的东西，把它换成没有涵盖的部分。这适用于优化器、学习率、归一化技术和损失函数。

然而，为了使 ProGAN 工作，必须完全按照 ProGAN 的原始规范来实现一切，包括使用相同的批量、漂移损失和均衡学习率增益。不过，当我们让网络工作时，它确实会生成高保真的人脸，这是任何之前的模型都无法比拟的。

下面看看 StyleGAN 如何改进 ProGAN 以允许风格混合。

7.4　实际应用 StyleGAN

ProGAN 非常擅长通过逐步增长网络生成高分辨率图像，但网络架构相当原始。这种简单的架构类似于早期的 GAN（如 DCGAN），它通过随机噪声生成图像，但对要生成的图像没有良好的控制。

正如前几章中看到的，在图像到图像的翻译中出现了许多创新，以允许更好地操作生成器的输出，其中之一是使用 AdaIN 层（第 5 章“风格迁移”）混合来自两个不同图像的内容和风格特征以实现风格转换。**FaceBid** 撰写的论文 *a style-based generator architecture for generative adversarial networks* 中的 **StyleGAN** 采用了这种风格混合的概念。如图 7.5 所示，StyleGAN 可以将两个不同图像的样式特征混合起来，生成一个新的风格。

图 7.5　混合样式特征生成新风格图像

（来源：T. Karras et al, 2019, “A Style-Based Generator Architecture for Generative Adversarial Networks”, https://arxiv.org/abs/1812.04948）

7.4.1 风格化生成器

图 7.6 对 ProGAN 和 StyleGAN 的生成器架构进行了比较。图（a）是 ProGAN 生成器架构，是一个简单的前馈设计，其中单个输入是潜码。所有的潜在信息，如内容、风格和随机性，都包含在单个潜码 z 中。图（b）是 StyleGAN 生成器架构，其中潜码不再直接进入合成网络，而是被映射到输入多尺度合成网络的风格代码。

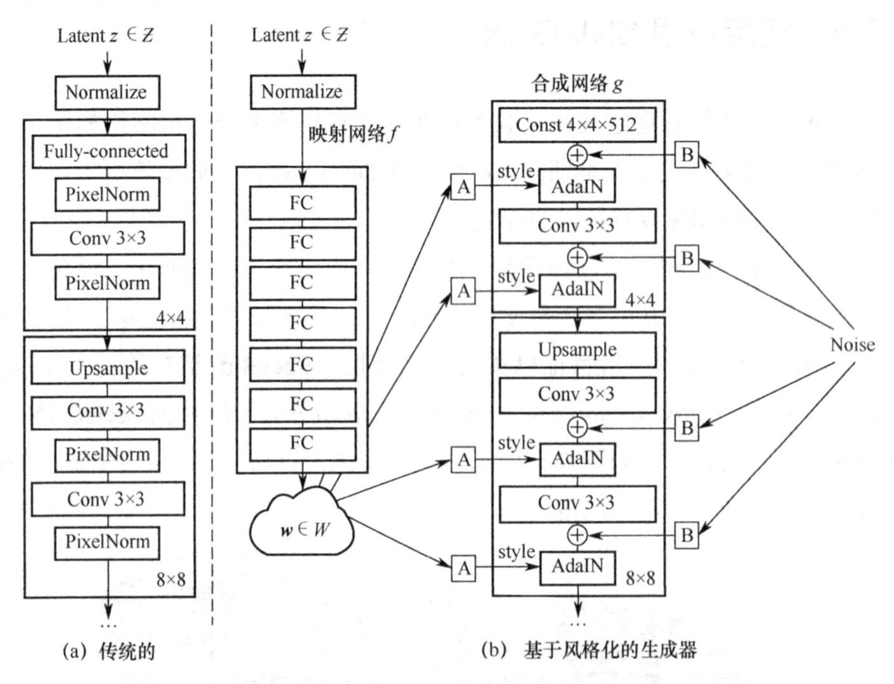

图 7.6　比较 ProGAN 和 StyleGAN 的生成器架构

（摘抄 T. Karras et al, 2019, "A Style-Based Generator Architecture for Generative Adversarial Networks", https://arxiv.org/abs/1812.04948）

生成流程的主要组成部分如下。

- **映射网络 f**：这是具有 512 维的 8 个全连接层，其输入为 512 维潜码，输出 $\boldsymbol{w}$ 也是 512 维的向量。$\boldsymbol{w}$ 被广播到生成器的每个刻度。
- **仿射变换 A**：在每个尺度中，都有一个块将 $\boldsymbol{w}$ 映射到风格代码 $y = (y_s, y_b)$。换句话说，在每个图像尺度上，全局潜在向量被转换为本地化风格代码。仿射变换使用全连接层实现。
- **AdaIN**：AdaIN 调整风格代码和内容代码。内容代码 x 是卷积层的激活，而 y 是风格代码。

$$\text{AdaIN}(x,y)=y_s\frac{x-\mu(x)}{\sigma(x)}+y_b \tag{7-3}$$

- **合成网络 *g*：** 本质上由 ProGAN 多尺度生成器块组成。与 ProGAN 的显著区别在于，合成网络的输入只是一些常量值，这是因为潜码在每个生成器层（包括第一个 4×4 块）中均以风格代码的形式呈现，因此无须向合成网络提供另一个随机输入。
- **多尺度噪声：** 人像的许多方面都可以看作是随机的。例如，头发和雀斑的确切位置可能是随机的，但这不会改变我们对图像的感知。这种随机性来自注入生成器的噪声。高斯噪声的形状与卷积层激活图（*H*, *W*, 1）相匹配。在添加到卷积激活之前，每个通道将其按 B 缩放到（*H*, *W*, *C*）。

在 StyleGAN 之前的大多数 GAN 中，潜码只在输入时传入，或传入其中一个内部层中。StyleGAN 生成器的卓越之处在于，现在可以在每一层传入风格代码和噪声，这意味着可以在不同级别调整图像。粗略空间分辨率（从 4×4 到 8×8）的风格对应高级风格，如姿势和面部形状；中等分辨率（从 16×16 到 32×32）与较小比例的面部特征、发型及眼睛是睁开还是闭着有关；更高的分辨率（从 64×64 到 1024×1024）主要改变颜色方案和微观结构。

StyleGAN 生成器可能一开始看起来很复杂，但希望它现在看起来没有那么可怕了。与 ProGAN 一样，每个块都很简单。现在我们将充分利用 ProGAN 的代码，开始构建 StyleGAN 生成器。

7.4.2 实现映射网络

映射网络将 512 维潜码映射为 512 维特征，如下所示：

```
def build_mapping(self):
    # Mapping Network
    z = Input(shape=(self.z_dim))
    w = PixelNorm()(z)
    for i in range(8):
        w = Dense(512, lrmul=0.01)(w)
        w = LeakyReLU(0.2)(w)
    w = tf.tile(tf.expand_dims(w, 0), (8,1,1))
    self.mapping = Model(z, w, name='mapping')
```

以上是带有 Leaky ReLU 激活的全连接层的直接实现。需要注意的是，学习率要乘以 0.01 以使其训练更稳定。因此，引入额外的 lrmul 参数来修改自定义 Dense 层。在网络的末尾，创建了 8 个 w 的副本，它将进入 8 层生成器块。如果不打算使用风格混合，可以跳过将潜码进行平铺并连接成一列这一步骤。

7.4.3 添加噪声

现在创建一个自定义层来添加噪声到卷积层输出，其中包括架构图（图 7.6）中的 B 块。代码如下：

```
class AddNoise(Layer):
  def build(self, input_shape):
      n, h, w, c = input_shape[0]
      initializer = \
          tf.keras.initializers.RandomNormal(
                                  mean=0., stddev=1.)
      self.B = self.add_weight(shape=[1, 1, 1, c],
                              initializer=initializer,
                              trainable=True,
                              name='kernel')
  def call(self, inputs):
      x, noise = inputs
      output = x + self.B * noise
      return output
```

噪声与可训练的 B 相乘，并且按照每个通道对其进行放大，然后将其添加到输入激活中。

7.4.4 AdaIN 的实现

在 StyleGAN 中实现的 AdaIN 与用于风格迁移的 AdaIN 不同，原因如下：

- 包含仿射变换 A。这是通过两个全连接层实现的，分别预测 y_s 和 y_b。
- 原始 AdaIN 涉及输入激活的归一化，但由于 AdaIN 的输入激活经历了像素归一化，因此不会在该自定义层执行归一化。AdaIN 层的代码如下：

```
class AdaIN(Layer):
    def __init__(self, gain=1, **kwargs):
        super(AdaIN, self).__init__(kwargs)
        self.gain = gain
```

```
    def build(self, input_shapes):
        x_shape = input_shapes[0]
        w_shape = input_shapes[1]
        self.w_channels = w_shape[-1]
        self.x_channels = x_shape[-1]
        self.dense_1 = Dense(self.x_channels, gain=1)
        self.dense_2 = Dense(self.x_channels, gain=1)
    def call(self, inputs):
        x, w = inputs
        ys = tf.reshape(self.dense_1(w), (-1, 1, 1,
                                          self.x_channels))
        yb = tf.reshape(self.dense_2(w), (-1, 1, 1,
                                          self.x_channels))
        output = ys*x + yb
        return output
```

AdaIN 与风格迁移的比较

ProGAN 中的 AdaIN 与最初的风格迁移实现有所不同。在风格迁移中，风格特征是由输入图像的 VGG 特征计算得到的 Gram 矩阵，ProGAN 中的“风格”是由随机噪声生成的矢量 $\boldsymbol{w}$。

7.4.5　建造生成器块

现在，可以把 AddNoise 和 AdaIN 放到生成器块中，看起来类似于 ProGAN 构建生成器块的代码，如下所示：

```
def build_generator_block(self, log2_res, input_shape):
    res = int(2**log2_res)
    res_name = f'{res}x{res}'
    filter_n = self.log2_res_to_filter_size[log2_res]
    input_tensor = Input(shape=input_shape)
    x = input_tensor
    w = Input(shape=512)
    noise = Input(shape=(res, res, 1))
    if log2_res > 2:
        x = UpSampling2D((2,2))(x)
        x = Conv2D(filter_n, 3,
```

```
                        name=f'gen_{res_name}_conv1')(x)
    x = AddNoise()([x, noise])
    x = PixelNorm()(LeakyReLU(0.2)(x))
    x = AdaIN()([x, w])
    # ADD NOISE
    x = Conv2D(filter_n, 3,
                       name=f'gen_{res_name}_conv2')(x)
    x = AddNoise()([x, noise])
    x = PixelNorm()(LeakyReLU(0.2)(x))
    x = AdaIN()([x, w])
    return Model([input_tensor, x, noise], x,
                       name=f'genblock_{res}_x_{res}')
```

生成器模块有三个输入。对于 4×4 生成器模块，输入是 1 的常数张量，我们避开了上采样和卷积块，另外两个输入是向量 ***w*** 和随机噪声。

7.4.6 StyleGAN 的训练

正如本节开始时所提到的，从 ProGAN 到 StyleGAN 的主要变化是对生成器的改变。在判别器和训练细节上有一些细微的差别，但它们对表现的影响不大。因此，我们将保持训练流程的其余部分与 ProGAN 相同。

图 7.7 是 StyleGAN 生成的 256×256 图像，使用相同风格的 ***w***，但随机产生的噪声不同。

图 7.7　使用相同风格和不同噪声生成的图像

可以看到，这些脸属于同一个人，但细节不同，比如头发长度和头部姿势。我们也可以使用来自不同潜码的输入向量 ***w*** 的混合风格，生成的图像如图 7.8 所示。所有图像都是由 StyleGAN 生成的，右边的脸是将前两张脸的风格混合而成的。StyleGAN 可能很难训练，因此提供了一个预训练的 256×256 模型，读者可以下载它，可以使用 Jupyter Notebook 中的小控件来完成面部生成和风格混合的实验。

图 7.8　使用来自不同潜码的输入向量 $\boldsymbol{w}$ 的混合风格生成的图像

7.5　本章小结

本章使用 ProGAN 进入了高清晰度图像生成领域。ProGAN 首先在低分辨率图像上进行训练，然后再转到高分辨率图像。随着神经网络的逐步发展，网络训练变得更加稳定，这为高保真图像生成奠定了基础，这种由粗到精的训练方法也相继被其他 GAN 所采用。例如，pix2pixHD 有两个不同比例的生成器，其中粗粒度生成器在二者一起训练之前进行了预训练。我们还学习了均衡学习率、小批量统计和像素归一化，它们也在 StyleGAN 中使用。

使用生成器中风格迁移的 AdaIN 层，StyleGAN 不仅可以生成质量更好的图像，而且还可以在混合风格时控制特征。通过在不同尺度上注入不同样式的代码和噪声，可以控制图像的全局细节和精细细节。StyleGAN 在高清晰度图像生成方面取得了非常先进的成果，并在笔者撰写本书时保持了先进的水平。基于风格的模型现在是主流架构，我们已经看到了这个模型在风格迁移、图像到图像翻译和 StyleGAN 中的应用。

在第 8 章中，将研究另一个流行的 GAN 系列，即众所周知的基于注意力机制的模型。

第 8 章　图像生成的自注意力机制

你可能听说过一些流行的自然语言处理（NLP）模型，如 Transformer、BERT 或 GPT-3，它们都有一个共同点——都使用一种由自注意力模块组成并称为转换器的架构。自注意力在计算机视觉中得到了广泛应用，包括分类任务，这使得它成为一个需要掌握的重要课题。正如本章将要介绍的，自注意力有助于捕捉图像中的重要特征，而无须使用深层来获得大的有效感受野。

StyleGAN 非常适合生成人脸图像，但它很难从 ImageNet 生成图像。在某种程度上，人脸很容易生成，因为眼睛、鼻子和嘴唇在不同的人脸上都有相似的形状和位置。相比之下，1000 类 ImageNet 包含不同的对象（如狗、卡车、鱼和枕头）和背景。因此，判别器必须更有效地捕捉各种对象的不同特征，这就是自注意力发挥作用的地方。利用这一点，通过条件批量归一化和谱归一化，将实现**自注意力 GAN（SAGAN）**来生成基于给定类别标签的图像。之后，将使用 SAGAN 作为创建 BigGAN 的基础；添加正交正则化，并改变进行类嵌入的方法。BigGAN 可以生成高清晰度图像，而无须使用类似 ProGAN 的体系结构，它被认为是使用类标签训练图像生成的最先进的模型。

本章主要涵盖以下主题：

- 谱归一化。
- 自注意力模块。
- 建立 SAGAN。
- 实现 BigGAN。

8.1　技术要求

相关 Jupyter Notebook 可以在链接 29 中找到。

本章所用的文件内容列表如下：

- ch8_sagan.ipynb
- ch8_big_gan.ipynb

8.2 谱归一化

谱归一化是稳定 GAN 训练的一种重要方法，近年来在许多先进的 GAN 中都得到了应用。与批量归一化或其他归一化激活的方法不同，谱归一化是对权重进行归一化。谱归一化的目的是限制权重的增长，因此网络遵守 1-Lipschitz 约束。正如在第 3 章“生成对抗网络”中所了解到的，这已证明对稳定 GAN 训练是有效的。

我们将通过修改 WGAN 来更好地理解谱归一化背后的思想。WGAN 判别器（也称为批评器）需要将其预测保持在较小的数值，以满足 1-Lipschitz 约束。WGAN 通过简单地将权重裁剪到[−0.01, 0.01]的范围来实现这一点。但这不是一个可靠的方法，因为需要微调裁剪范围这一超参数。如果有一种不使用超参数的系统方法来强制 1-Lipschitz 约束就好了，而谱归一化就是我们需要的工具。本质上，谱归一化是通过除以它们的光谱范数来对权重进行归一化的。

8.2.1 了解谱范数

下面通过讲解一些线性代数来解释谱范数的概念。大家可能学过矩阵理论中的特征值和特征向量，公式如下：

$$\boldsymbol{A}\boldsymbol{v} = \lambda \boldsymbol{v} \tag{8-1}$$

这里 $\boldsymbol{A}$ 是方阵，$\boldsymbol{v}$ 是特征向量，λ 是它的特征值。

通过一个简单的例子来理解这些术语。假设 $\boldsymbol{v}$ 是一个位置向量（x, y），$\boldsymbol{A}$ 是一个线性变换，如下所示：

$$\boldsymbol{A} = \begin{pmatrix} a & b \\ c & d \end{pmatrix},\ \boldsymbol{v} = \begin{pmatrix} x \\ y \end{pmatrix} \tag{8-2}$$

如果用 $\boldsymbol{A}$ 和 $\boldsymbol{v}$ 相乘，会得到一个方向改变的新位置，如下所示：

$$\boldsymbol{A}\boldsymbol{v} = \begin{pmatrix} a & b \\ c & d \end{pmatrix} \times \begin{pmatrix} x \\ y \end{pmatrix} = \begin{pmatrix} ax+by \\ cx+dy \end{pmatrix} \tag{8-3}$$

特征向量是当对其应用 $\boldsymbol{A}$ 时不会改变其方向的向量。相反，它们仅由表示为 λ 的标量特征值进行缩放。可以有多个特征向量-特征值对。最大特征值的平方根是矩阵的谱范数。对于非平方矩阵，需要使用一种数学算法，如奇异值分解（SVD）来计算特征值，其计算成本可能会很高。

因此，可采用幂迭代法加快计算速度，使其成为神经网络训练的可行方法。下面学习在 TensorFlow 中实现谱归一化作为权重约束。

8.2.2 谱的归一化实现

2018 年，T. Miyato 等人在 *Spectral Normalization for Generative Adversarial Networks* 论文中给出的谱归一化的数学算法可能会显得复杂，通常而言，软件实现要比数学运算简单得多。

以下是实现谱归一化的步骤：

（1）卷积层中的权重形成了一个 4 维张量，即第一步是将其重塑为二维 $\boldsymbol{W}$ 矩阵，在这里保持权重的最后一维。现在权重的形状为$(H \times W, C)$。

（2）用 $N(0, 1)$初始化向量 $\boldsymbol{u}$。

（3）在 for 循环中，计算如下：

① 用矩阵转置和矩阵乘法计算$\boldsymbol{V} = \left(\boldsymbol{W}^{\mathrm{T}}\right)$。

② 用 L2 范数对 $\boldsymbol{V}$ 进行归一化，即$\boldsymbol{V} = \boldsymbol{V} / \|\boldsymbol{V}\|_2$。

③ 计算$\boldsymbol{U} = \boldsymbol{W}\boldsymbol{V}$。

④ 用 L2 范数对 $\boldsymbol{U}$ 进行归一化，即$\boldsymbol{U} = \boldsymbol{U} / \|\boldsymbol{U}\|_2$。

（4）计算谱范数$\boldsymbol{U}^{\mathrm{T}}\boldsymbol{W}\boldsymbol{V}$。

（5）用权值除以谱范数。

完整代码如下：

```
class SpectralNorm(tf.keras.constraints.Constraint):
    def __init__(self, n_iter=5):
        self.n_iter = n_iter
    def call(self, input_weights):
        w = tf.reshape(input_weights, (-1,
                                  input_weights.shape[-1]))
    u = tf.random.normal((w.shape[0], 1))
    for _ in range(self.n_iter):
        v = tf.matmul(w, u, transpose_a=True)
        v /= tf.norm(v)
        u = tf.matmul(w, v)
```

```
    u /= tf.norm(u)
  spec_norm = tf.matmul(u, tf.matmul(w, v),
                        transpose_a=True)
  return input_weights/spec_norm
```

迭代次数是一个超参数，迭代 5 次就足够了。谱归一化也可以采用一个变量来记住向量 $\boldsymbol{u}$，而不是从随机值开始，可以把迭代次数减少到 1 次。现在可以在定义层时将谱归一化作为内核约束来应用，就像在 Conv2D(3,1,kernel_constraint=SpectralNorm())中一样。

8.3　自注意力模块

自注意力模块随着称为 Transformer 的 NLP 模型的引入而流行起来。在语言翻译等自然语言处理应用中，该模型通常需要逐字阅读句子，以便在产生输出之前理解它们。在 Transformer 出现之前使用的神经网络是**递归神经网络（RNN）**的某种变体，比如长短期记忆（LSTM）。RNN 在阅读句子时有内部状态来记忆单词，但缺点是当单词数量增加时，第一个单词的梯度将消失。也就是说，随着 RNN 阅读单词量的增加，句子开头的单词逐渐变得不那么重要。

与 NLP 的工作方式不同，RNN 一次读取所有的单词，并衡量每个单词的重要性。所以，更多的注意力被放在了更重要的词上，也因此被称为注意力。自注意力是最先进的 NLP 模型（如 BERT 和 GPT-3）的基石，但是，NLP 不在本书的讨论范围之内。下面来了解自注意力在 CNN 中是如何运作的。

8.3.1　计算机视觉的自注意力

CNN 主要由卷积层组成，对于内核大小为 3×3 的卷积层，它只会在输入激活中查看 3×3=9 特性来计算每个输出特性，它不会查看这个范围之外的像素。为了捕获这个范围之外的像素，可以稍微增加内核大小，比如 5×5 或 7×7，但与特征映射大小相比，这仍然很小。需要向下移动一个网络层，以使卷积内核的感受野足够大，能够捕获我们想要的东西。与 RNN 一样，随着向下移动网络层，输入功能的相对重要性逐渐减弱。因此，可以使用自注意力来查看特征图中的每个像素，并在关注的方面进行操作。

现在来看自注意力机制是如何运作的。自注意力的第一步是将每个输入特征投影到三个向量中，即**键**、**查询**和**值**。在计算机视觉文献中很少看到这些术语，但笔者认为最好能介绍一些关于它们的知识，这样读者就能更好地理解一般的自注意力、Transformer 或 NLP 的相关文献。

图 8.1 说明了如何从查询中生成注意力图，左边是一个用圆点标记的查询图像，接下来的 5 张图片显示了这些问题给出的注意力图。第一排的第一个注意力图询问兔子的一只眼睛；在注意力图上，眼睛周围有更多的白色区域（表示高度重要的区域），其他区域接近完全黑暗（表示不重要的区域）。

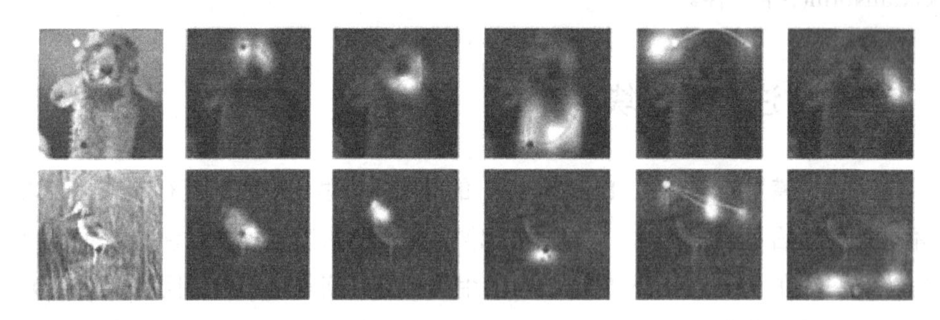

图 8.1　注意力图的说明

（源自：H. Zhang et al., 2019, "Self-Attention Generative Adversarial Networks", https://arxiv.org/abs/1805.08318）

现在逐个讨论键、查询和值的技术术语。

- **值**是输入特征的表示形式。我们不希望自注意力模块查看每个像素，因为这在计算上成本太高，而且没有必要。相反，我们对输入激活的局部区域更感兴趣。因此，该值降低了输入特征的维数，包括激活映射的大小（例如，它可能被下采样以具有更小的高度和宽度）和通道的数量。对于卷积层的激活，采用 1×1 卷积来减少通道数，采用最大池或平均池来减小空间大小。
- **键和查询**用于计算自注意力图特征的重要性。为了计算位置 x 处的输出特征，我们在位置 x 处进行查询，并将其与所有位置的键进行比较。为了进一步说明这一点，假设有一幅肖像画。当网络处理肖像的一只眼睛时，它将接收其具有眼睛语义的查询，并使用肖像其他区域的键进行检查。如果其他区域的关键之一是眼睛，那么我们知道已经找到了另一只眼睛，这肯定是我们想要关注的东西，这样就可以匹配眼睛的颜色。

将键和查询代入方程，对于特征 0，计算向量 $q_0 \times k_0, q_0 \times k_1, q_0 \times k_2$，依次类推到 $q_0 \times k_{N-1}$。然后使用 softmax 对向量进行归一化，使它们的总和为 1.0，这是我们的注意力得分，它被当作权重来执行像素值的逐像素相乘，以提供注意力输出。

SAGAN 自注意力模块基于非局部块（X. Wang et al.，2018, *Non-local Neural Networks*，参见链接 30），该模块最初被设计用于视频分类。在确定当前的架构之前，其作者尝试了不同的实现自注意力的方法。如图 8.2 所示为 SAGAN 中的自注意力模块架构，θ、ϕ、g 分别对应键、查询和值。

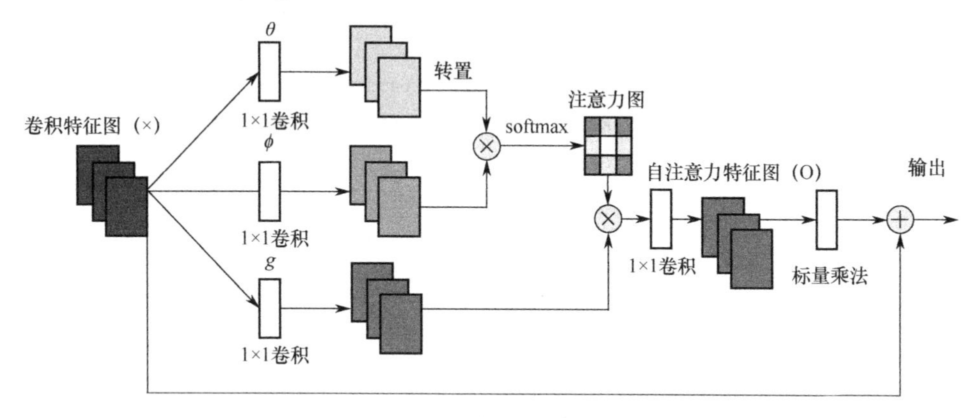

图 8.2　SAGAN 中的自注意力模块架构

深度学习中的大多数计算都是针对速度性能进行矢量化的，自注意力也不例外。如果为了简单起见忽略批量维度，则 1×1 卷积后的激活将具有（H, W, C）的形状。第一步是将其重塑为形状为（H×W, C）的二维矩阵，并使用 θ 和ϕ之间的矩阵乘法来计算注意力图。在 SAGAN 中使用的自注意力模块中，还有一个 1×1 卷积用于将通道数恢复到输入通道，然后使用可学习的参数进行缩放。另外，这些被组合在一起当成残差块。

8.3.2　自注意力模块的实现

首先在自定义层的 build()中定义所有 1×1 卷积层和权重。请注意，使用谱归一化函数作为卷积层的内核约束，如下所示：

```
class SelfAttention(Layer):
    def __init__(self):
        super(SelfAttention, self).__init__()
    def build(self, input_shape):
        n, h, w, c = input_shape
        self.n_feats = h * w
        self.conv_theta = Conv2D(c//8, 1, padding='same',
                                 kernel_constraint=SpectralNorm(),
```

```
                                 name='Conv_Theta')
        self.conv_phi = Conv2D(c//8, 1, padding='same',
                                 kernel_constraint=SpectralNorm(),
                                 name='Conv_Phi')
        self.conv_g = Conv2D(c//2, 1, padding='same',
                                 kernel_constraint=SpectralNorm(),
                                 name='Conv_G')
        self.conv_attn_g = Conv2D(c, 1, padding='same',
                                 kernel_constraint=SpectralNorm(),
                                 name='Conv_AttnG')
        self.sigma = self.add_weight(shape=[1],
                                 initializer='zeros',
                                 trainable=True,
                                 name='sigma')
```

这里有几点需要注意：

- 内部激活可以减少维度，使计算运行得更快。SAGAN 的作者通过实验求得减少的数量。
- 在每一个卷积层之后，激活（*H*, *W*, *C*）被重塑为具有形状（*H*×*W*, *C*）的二维矩阵。然后可以在矩阵上使用矩阵乘法。

下面是执行自注意力操作的层的 call()函数。首先，计算 theta(θ)、phi(ϕ)和 g：

```
def call(self, x):
        n, h, w, c = x.shape
        theta = self.conv_theta(x)
        theta = tf.reshape(theta, (-1, self.n_feats,
                                        theta.shape[-1]))
        phi = self.conv_phi(x)
        phi = tf.nn.max_pool2d(phi, ksize=2, strides=2,
                                        padding='VALID')
        phi = tf.reshape(phi, (-1, self.n_feats//4,
                                 phi.shape[-1]))
        g = self.conv_g(x)
        g = tf.nn.max_pool2d(g, ksize=2, strides=2,
        padding='VALID')
        g = tf.reshape(g, (-1, self.n_feats//4,
        g.shape[-1]))
```

然后，计算注意力图，如下所示：

```
attn = tf.matmul(theta, phi, transpose_b=True)
attn = tf.nn.softmax(attn)
```

最后，注意力图与查询 g 相乘，并继续生成最终输出：

```
attn_g = tf.matmul(attn, g)
attn_g = tf.reshape(attn_g, (-1, h, w,
                    attn_g.shape[-1]))
attn_g = self.conv_attn_g(attn_g)
output = x + self.sigma * attn_g
return output
```

写好谱归一化和自注意力层后就可以使用它们来构建 SAGAN 了。

8.4　建立 SAGAN

SAGAN 的结构比较简单，与 DCGAN 的结构相似，但它是一个使用类标签来生成和区分图像的类条件 GAN，如图 8.3 所示，每行的每个图像都是由不同的类标签生成的。

图 8.3　SAGAN 使用不同的类标签生成的图像

（源自：A. Brock et al., 2018, “Large Scale GAN Training for High Fidelity Natural Image Synthesis”, https://arxiv.org/abs/1809.11096）

本例使用 CIFAR10 数据集，它包含 10 类分辨率为 32×32 的图像。稍后将讨论调节部分。现在，首先完成最简单的部分——生成器。

8.4.1 构建 SAGAN 生成器

从较高的层次来看，SAGAN 生成器看起来与其他 GAN 生成器没有太大区别，它以噪声作为输入，通过一个全连接层，然后是多级上采样和卷积块，以达到目标图像分辨率。我们从 4×4 分辨率开始，使用三个上采样块来达到 32×32 的最终分辨率，如下所示：

```
def build_generator(z_dim, n_class):
    DIM = 64
    z = layers.Input(shape=(z_dim))
    labels = layers.Input(shape=(1), dtype='int32')
    x = Dense(4*4*4*DIM)(z)
    x = layers.Reshape((4, 4, 4*DIM))(x)
    x = layers.UpSampling2D((2,2))(x)
    x = Resblock(4*DIM, n_class)(x, labels)
    x = layers.UpSampling2D((2,2))(x)
    x = Resblock(2*DIM, n_class)(x, labels)
    x = SelfAttention()(x)
    x = layers.UpSampling2D((2,2))(x)
    x = Resblock(DIM, n_class)(x, labels)
    output_image = tanh(Conv2D(3, 3, padding='same')(x))
    return Model([z, labels], output_image,
    name='generator')
```

尽管在自注意力模块中使用了不同的激活维度，但它的输出与输入具有相同的形状。因此，自注意力模块可以插入卷积层之后的任何地方。然而，当内核大小为 3×3 时，不能设置为 4×4 的分辨率。因此，在 SAGAN 生成器中只在较高的空间分辨率阶段插入一次自注意力层，以充分利用自注意力层。判别器也是如此，当空间分辨率较高时，自注意力层被放置在较低的层。

如果我们做的是无条件的图像生成，这就是生成器的全部。需要将类标签提供给生成器，以便它可以从给定的类创建图像。在第 4 章“图像到图像的翻译”的开头，我们学习了一些常见的标签训练方法，但是 SAGAN 使用了一种更高级的方法，也就是说，它在批量归一化中将类标签编码为可学习的参数。在第 5 章

“风格迁移”中介绍了条件批量归一化，现在将在 SAGAN 中实现它。

8.4.2　条件批量归一化

本书的大部分内容中我们都是在抱怨在 GAN 中使用批量归一化的缺点。CIFAR10 有 10 个类，其中 6 个是动物（鸟、猫、鹿、狗、青蛙和马），4 个是交通工具（飞机、汽车、轮船和卡车）。很明显，它们看起来很不一样——交通工具的边缘往往是硬的和直的，而动物的边缘往往是曲线且具有柔软的纹理。

正如我们已经了解的风格迁移，激活统计数据决定图像风格。因此，混合批量统计数据可以创建看起来有点像动物又有点像车辆的图像——例如，汽车形状的猫。这是因为批量归一化对于由不同类组成的整个批量只使用一个 gamma 和一个 beta。如果我们对每个风格（类）都有 gamma 和 beta，那么这个问题就解决了，而这正是条件批量归一化所涉及的。每个类都有 1 个 gamma 和 1 个 beta，所以 CIFAR10 的 10 个类每层都有 10 个 gamma 和 10 个 beta。

现在可以构造条件批量归一化所需的变量，如下所示：

- 形状为（10, C）的 gamma 和 beta，其中 C 为激活通道数。
- 形状为（1, 1, 1, C）的滑动平均值和方差。训练中平均值和方差从小批量中计算。在推理过程中，我们使用训练中积累的移动平均值，它们的形状是为了使算术运算广播到 N、H 和 W 维度。

条件批量归一化代码如下：

```
class ConditionBatchNorm(Layer):
    def build(self, input_shape):
        self.input_size = input_shape
        n, h, w, c = input_shape
        self.gamma = self.add_weight(
                                   shape=[self.n_class, c],
                                   initializer='ones',
                                   trainable=True,
                                   name='gamma')
        self.beta = self.add_weight(
                                   shape=[self.n_class, c],
                                   initializer='zeros',
                                   trainable=True,
                                   name='beta')
```

```
        self.moving_mean = self.add_weight(shape=[1, 1,
                                1, c], initializer='zeros',
                                trainable=False,
                                name='moving_mean')
        self.moving_var = self.add_weight(shape=[1, 1,
                            1, c], initializer='ones',
                            trainable=False,
                            name='moving_var')
```

当运行条件批量归一化时，我们为标签检索正确的 beta 和 gamma，这是因为使用了 tf.gather(self.beta, labels)，它在概念上等价于 beta = self.beta[labels]，如下所示：

```
def call(self, x, labels, training=False):
    beta = tf.gather(self.beta, labels)
    beta = tf.expand_dims(beta, 1)
    gamma = tf.gather(self.gamma, labels)
    gamma = tf.expand_dims(gamma, 1)
```

除此之外，代码的其余部分与批量归一化完全相同。现在，可以将条件批量归一化放到生成器的残差块中了：

```
class Resblock(Layer):
    def build(self, input_shape):
        input_filter = input_shape[-1]
        self.conv_1 = Conv2D(self.filters, 3,
        padding='same',
        name='conv2d_1')
        self.conv_2 = Conv2D(self.filters, 3,
        padding='same',
        name='conv2d_2')
        self.cbn_1 = ConditionBatchNorm(self.n_class)
        self.cbn_2 = ConditionBatchNorm(self.n_class)
        self.learned_skip = False
        if self.filters != input_filter:
            self.learned_skip = True
            self.conv_3 = Conv2D(self.filters, 1,
                                padding='same',
                                name='conv2d_3')
            self.cbn_3 = ConditionBatchNorm(self.n_class)
```

下面是条件批量归一化前向传递的运行时的代码：

```
def call(self, input_tensor, labels):
    x = self.conv_1(input_tensor)
    x = self.cbn_1(x, labels)
    x = tf.nn.leaky_relu(x, 0.2)
    x = self.conv_2(x)
    x = self.cbn_2(x, labels)
    x = tf.nn.leaky_relu(x, 0.2)
    if self.learned_skip:
        skip = self.conv_3(input_tensor)
        skip = self.cbn_3(skip, labels)
        skip = tf.nn.leaky_relu(skip, 0.2)
    else:
        skip = input_tensor
    output = skip + x
    return output
```

判别器的残差块看起来与生成器的残差块相似，但有一些差异，如下所示：

- 没有归一化。
- 向下采样发生在具有平均池的残差块内。

所以，在此不列出判别器残差块的代码，而进入最后一个构造块——判别器。

8.4.3　构建判别器

判别器也使用自注意力层，并将其放置在输入层附近以捕获大的激活图。由于它是一个条件 GAN，我们将使用判别器中的标签，以确保生成器生成与类匹配的正确图像。合并标签信息的一般方法是首先将标签投射到嵌入空间中，然后在输入层或任何内部层进行嵌入。

将嵌入与激活合并有两种常见的方法——**级联和元素乘法**。SAGAN 采用了类似于 T. Miyato 和 M. Koyama 的论文 *cGANs with Projection Discriminator* 中提出的预测模型的架构，如图 8.4（d）中的预测模型所示。

首先将标签投影到嵌入空间中，然后在全连接层（图中的ψ）之前执行激活的元素乘法，最后将结果添加到全连接层输出中。最终的预测结果如下：

```
def build_discriminator(n_class):
    DIM = 64
    input_image = Input(shape=IMAGE_SHAPE)
    input_labels = Input(shape=(1))
```

```
    embedding = Embedding(n_class, 4*DIM)(input_labels)
    embedding = Flatten()(embedding)
    x = ResblockDown(DIM)(input_image) # 16
    x = SelfAttention()(x)
    x = ResblockDown(2*DIM)(x) # 8
    x = ResblockDown(4*DIM)(x) # 4
    x = ResblockDown(4*DIM, False)(x) # 4
    x = tf.reduce_sum(x, (1, 2))
    embedded_x = tf.reduce_sum(x * embedding,
                               axis=1, keepdims=True)
    output = Dense(1)(x)
    output += embedded_x
    return Model([input_image, input_labels],
                 output, name='discriminator')
```

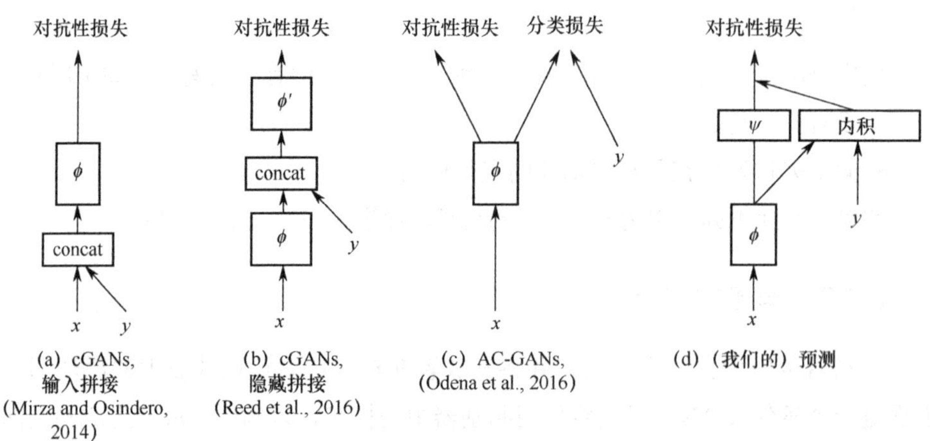

图 8.4　在判别器中将标签作为条件的几种常用方法的比较

（摘自：T. Miyato and M. Koyama's, 2018, "cGANs with Projection Discriminator", https://arxiv.org/abs/1802.05637）

定义好模型后就可以开始训练 SAGAN 了。

8.4.4　训练 SAGAN

使用 Adam 优化器和铰链损失函数按照标准的 GAN 流程进行训练。生成器和判别器分别使用 1e-4 和 4e-4 作为初始学习率。由于 CIFAR10 具有 32×32 大小的小图像，因此训练相对稳定且速度快。最初的 SAGAN 是为 128×128 的图像分辨率设计的，但与我们使用的其他训练集相比，这个分辨率仍然很小。在 8.5 节中，将研究在更大的数据集和更大的图像大小上对 SAGAN 进行训练时所做的改进。

8.5　实现 BigGAN

BigGAN 是 SAGAN 的改进版，BigGAN 把图像分辨率从 128×128 大幅度提高到 512×512，而且它不需要逐步增加图层。图 8.5 为 BigGAN 生成的一些示例图像。

图 8.5　BigGAN 在 512×512 分辨率下生成的图像

（来源：A. Brock et al., 2018, “Large Scale GAN Training for High Fidelity Natural Image Synthesis”, https://arxiv.org/abs/1809.11096）

BigGAN 被认为是最先进的类条件 GAN。下面将研究如何修改 SAGAN 的代码，构建我们需要的 BigGAN。

8.5.1　缩放 GAN

旧的 GAN 倾向于使用小批量，因为这样可以产生质量更好的图像。现在知道，质量问题是由批量归一化中使用的批量统计数据引起的，这可以通过使用其他归一化技术来解决。尽管如此，批量大小仍然很小，因为它受到 GPU 内存指标的物理限制。然而，作为谷歌的一部分也有它的好处，创建 BigGAN 的 DeepMind 团队拥有他们需要的所有资源。通过实验，他们发现扩大 GAN 的规模有助于产生更好的结果。在 BigGAN 的训练中，使用的批量大小是 SAGAN 的 8 倍，卷积信道数也要高出 50%。这就是 BigGAN 这个名字的由来，即越大越好。

事实上，SAGAN 壮大是 BigGAN 表现优异的主要原因，如图 8.6 中的表格内容所示。通过添加特征到 SAGAN 基准配置，FID 和 IS 得到了改善，图中左侧的“配置”列显示了与前一行相比添加到配置中的特性，括号内的数字表示与前一行相比的改善情况。

配置	FID	IS
SAGAN 基准配置 批量大小 = 256 通道数量 = 64	18.65	52.52
批量大小 = 2048	12.39 (−6.26)	76.85 (+24.33)
通道数量 = 96	9.54 (−2.85)	92.98 (+16.13)
共享类嵌入	9.18 (−0.36)	94.94 (+1.96)
跳过潜在向量	8.73 (−0.45)	98.76 (+3.82)
正交正则化	8.51 (−0.22)	99.31 (+0.55)

图 8.6　改善的对比分析

图 8.6 显示了 BigGAN 在 ImageNet 上训练时的性能。FID 衡量的是类别的多样性（越低越好），而 IS 表示的是图像质量（越高越好）。左边是网络的配置，从 SAGAN 基准配置开始，逐行添加新特征。可以看到，最大的改进来自于增加批量大小（2048），这对于改进 FID 是有意义的，因为 2048 个批量大小大于 1000 个类的大小，这使得 GAN 不太可能过度拟合数量较少的类。

增加通道数量（96）也带来了显著的改善。图 8.6 中最下面的三项特征只带来很小的改进。因此，如果你没有多个 GPU 来适应一个大型网络和批量大小，那么就应该坚持使用 SAGAN。如果你确实有这样的 GPU 或者只是想知道特性升级，那就让我们继续吧！

8.5.2　跳过潜在向量

传统上，潜在向量 z 进入生成器的第一全连接层，然后是一系列卷积层和上采样层。尽管 StyleGAN 也有一个仅通向其生成器第一层的潜在向量，但它还有另一个随机噪声源进入激活图的每个像素，这允许在不同的分辨率级别上控制风格。

结合这两个想法，BigGAN 将潜在向量分割成块，每个块进入生成器中的不同残差块，稍后，会看到它如何与用于条件批量归一化的类标签连接在一起。除了默认的 BigGAN，还有一种称为 BigGAN-deep 的配置，其深度是默认 BigGAN 的 4 倍。图 8.7 显示了它们在连接标签和输入噪声方面的区别。

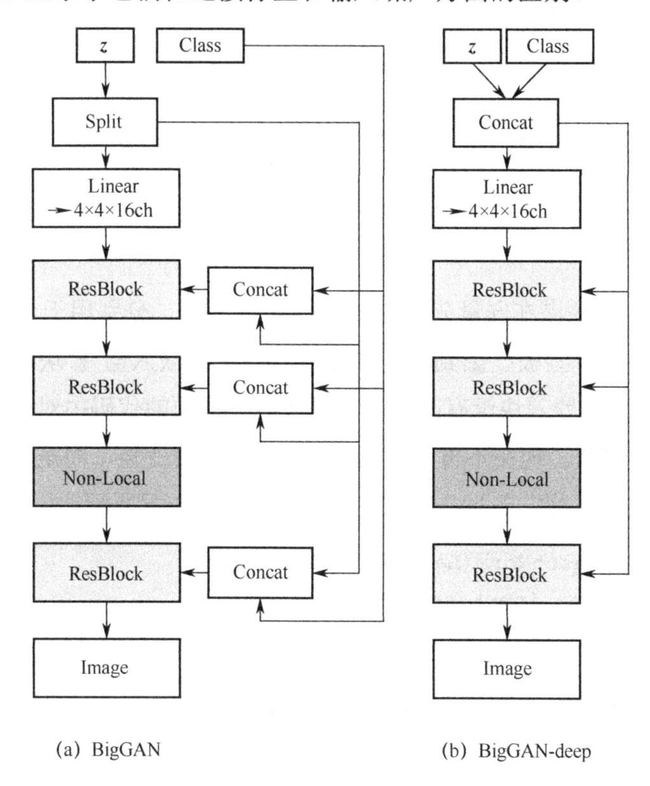

图 8.7　生成器的两种配置

（摘抄：A. Brock et al., 2018, “Large Scale GAN Training for High Fidelity Natural Image Synthesis”, https://arxiv.org/abs/1809.11096）

现在来看看 BigGAN 是如何减少条件批量归一化中嵌入的大小的。

8.5.3　共享类嵌入

SAGAN 的条件批量归一化中每一层的每个 beta 和 gamma 都有一个形状为[类别数, 通道数]的矩阵。当类别和通道的数量增加时，权重大小也会迅速增加。当在 1000 类 ImageNet 上使用 1024 个通道卷积层进行训练时，仅在一个归一化层中就将创建超过 100 万个变量。因此，BigGAN 没有 1000×1024 的权重矩阵，而是首先将类投影到更小维度（如 128）的嵌入中，该嵌入被所有层共享。在条件批量归一化中，全连接层用于将类嵌入和噪声映射到 beta 与 gamma 中。

下面的代码片段显示了生成器中的前两个层：

```
z_input = layers.Input(shape=(z_dim))
z = tf.split(z_input, 4, axis=1)
labels = layers.Input(shape=(1), dtype='int32')
y = Embedding(n_class, y_dim)(tf.squeeze(labels, [1]))
x = Dense(4*4*4*DIM, **g_kernel_cfg)(z[0])
x = layers.Reshape((4, 4, 4*DIM))(x)
x = layers.UpSampling2D((2,2))(x)
y_z = tf.concat((y, z[1]), axis=-1)
x = Resblock(4*DIM, n_class)(x, y_z)
```

首先将 128 维的潜在向量分割为 4 个相等的部分，分别用于全连接层和 3 个分辨率的残差块。标签被投影到一个共享嵌入中，该嵌入与 z 块连接，并进入残差块。SAGAN 中的残差块没有改变，但是我们在下面的代码中对条件批量归一化进行了一些小的修改。现在不再为 gamma 和 beta 声明变量，而是通过全连接层从类标签生成。通常，首先在 build()中定义所需的层，如下所示：

```
class ConditionBatchNorm(Layer):
    def build(self, input_shape):
        c = input_shape[-1]
        self.dense_beta = Dense(c, **g_kernel_cfg,)
        self.dense_gamma = Dense(c, **g_kernel_cfg,)
        self.moving_mean = self.add_weight(shape=[1, 1, 1, c],
                                           initializer='zeros',
                                           trainable=False,
                                           name='moving_mean')
        self.moving_var = self.add_weight(shape=[1, 1, 1, c],
                                          initializer='ones',
                                          trainable=False,
                                          name='moving_var')
```

运行时使用全连接层从共享嵌入生成 beta 和 gamma，然后，将像正常批量归一化一样使用它们。全连接层部分的代码片段如下所示：

```
def call(self, x, z_y, training=False):
    beta = self.dense_beta(z_y)
```

```
    gamma = self.dense_gamma(z_y)
    for _ in range(2):
        beta = tf.expand_dims(beta, 1)
        gamma = tf.expand_dims(gamma, 1)
```

我们添加了全连接层，根据潜在向量和标签嵌入预测 beta 和 gamma，这将替换较大的权重变量。

8.5.4 正交归一化

正交性在 BigGAN 中广泛用于初始化权重和作为权重正则化器。如果一个矩阵与它的转置相乘会产生一个单位矩阵，那么这个矩阵就是正交的。单位矩阵是一个对角元素为 1、其他元素为 0 的矩阵。正交性是一个很好的性质，因为矩阵的范数与正交矩阵相乘时不变。

在深度神经网络中，重复的矩阵乘法可能导致梯度爆炸或消失。因此，保持正交性可以改善训练。原正交归一化方程为：

$$R_\beta = \beta \| W^{\mathrm{T}} W - I \|^2 \tag{8-4}$$

这里 W 是被重塑为矩阵形式的权重，β 是超参数。由于发现这种正则化具有局限性，BigGAN 使用了一种不同的变体：

$$R_\beta = \beta \| W^{\mathrm{T}} W \odot (\mathbf{1} - I) \|^2 \tag{8-5}$$

在这个变体中，$(1-I)$删除了对角线元素，它们是滤波器的点积。这样可以消除对滤波器范数的约束，旨在最小化滤波器之间成对出现的余弦相似度。

正交性与谱归一化密切相关，两者可以共存于网络中。我们将谱归一化作为内核约束来实现，其中权重被直接修改。权重正则化根据权重计算损失，并将该损失与反向传播的其他损失相加，从而以间接方式调整权重。下面的代码演示了如何在 TensorFlow 中编写自定义正则化器：

```
class OrthogonalReguralizer(
                tf.keras.regularizers.Regularizer):
    def __init__(self, beta=1e-4):
        self.beta = beta
    def __call__(self, input_tensor):
        c = input_tensor.shape[-1]
        w = tf.reshape(input_tensor, (-1, c))
        ortho_loss = tf.matmul(w, w, transpose_a=True) *\
                                (1 -tf.eye(c))
```

```
        return self.beta * tf.norm(ortho_loss)
    def get_config(self):
        return {'beta': self.beta}
```

下一步，可以将内核初始化器、内核约束和内核正则化器分配给卷积和全连接层。但是，将它们添加到每个层会使代码看起来很长且混乱。为了避免这种情况，我们可以将它们放入一个字典中，并将它们作为关键字参数（kwargs）传递到 Keras 层中，如下所示：

```
g_kernel_cfg={
    'kernel_initializer' : \
                        tf.keras.initializers.Orthogonal(),
    'kernel_constraint' : SpectralNorm(),
    'kernel_regularizer' : OrthogonalReguralizer()
}
Conv2D(1, 1, padding='same', **g_kernel_cfg)
```

如前所述，正交归一化对图像质量的改善效果最小。1e-4 的 beta 值是从数值上获得的，可能需要针对数据集对其进行调整。

8.6 本章小结

本章首先介绍了一种重要的网络架构，称为自注意力。卷积层的有效性受到其感受野的限制，而自注意力有助于捕捉重要的特征，包括与传统卷积层空间距离的激活。然后介绍了如何编写一个自定义层来插入 SAGAN，SAGAN 是最先进的类条件 GAN。接下来实现了条件批量归一化，以学习针对每个类的不同可学习参数。最后，介绍了被称为 BigGAN 的放大版 SAGAN，它在图像分辨率和类别变化方面都显著优于 SAGAN。

现在已经介绍了大部分用于图像生成的重要 GAN。近年来，GAN 世界中的两个主要模块广受欢迎，它们是第 7 章“高保真人脸生成”中所述的 StyleGAN 的 AdaIN 和本章介绍的 SAGAN 的自注意力机制。基于自注意力机制的 Transformer 革命性地改变了 NLP，并开始进入计算机视觉领域。因此，现在是学习基于注意力的生成模型的好时机，因为这可能是未来 GAN 的样子。第 9 章将使用本章末尾介绍的关于图像生成的知识来生成深度伪造视频。

第9章 视频合成

在前面的章节中已经学习并建立了许多图像生成模型，包括最先进的StyleGAN和Self-Attention GAN（SAGAN）模型，已经了解用于生成图像的大部分重要技术，现在可以继续学习视频生成（合成）了。视频本质上就是一系列静止的图像。因此，最基本的视频生成方法是单独生成图像，然后将它们按顺序放在一起生成视频。因为视频合成本身是一个复杂而广泛的话题，我们无法在一章中涵盖所有内容。

我们将在本章对视频合成进行综述，运用可能是最著名的视频生成技术**DeepFake**，使用该技术来交换视频中的两个人脸图像。相信你以前看过这样的假视频，如果没有，可以在网上搜索 DeepFake 这个词，你会惊讶于其中的图像看起来是多么的真实。

本章主要涵盖以下内容：

- 视频合成概述。
- 实现人脸图像处理。
- 建立 DeepFake 模型。
- 人脸互换。
- 用 GAN 改进 DeepFake。

9.1 技术要求

本章的程序代码可以访问链接 31。

本章中使用的文件内容列表如下：

- ch9_deepfake.ipynb

9.2 视频合成概述

假设你正在看视频，门铃响了，你暂停了视频，然后去开门。当你回来的时候，你会在屏幕上看到什么？静止的画面，一切都静止不动。如果你按下播放按钮并再次快速暂停，你将看到一张与前一张非常相似但略有不同的图像。对，当你连续播放一系列图像时，你会得到一个视频。

我们说图像数据有三个维度（H, W, C），视频数据有四个维度（T, H, W, C），其中 T 是时间维度。还有一种情况是，视频只是一大批图像，但我们不能打乱这些图像。图像之间必须有时间上的一致性，下面将进一步解释这一点。

假设从一些视频数据集中提取图像，并训练一个无条件的 GAN 从随机噪声输入中生成图像。你可以想象，这些图像之间有很大的差异。所以，由这些图像制作的视频将无法观看。和图像生成一样，视频生成也可以分为无条件生成和有条件生成。

在无条件视频合成中，模型不仅需要生成高质量的内容，而且还必须控制时间或动作。因此，对于一些简单的视频内容，输出的视频通常很短。无条件视频合成在实际应用中还不够成熟。

另一方面，条件视频合成对输入内容施加条件，从而产生更好的质量结果。正如我们在第 4 章“图像到图像的翻译”中所了解的，pix2pix 生成的图像几乎没有随机性。在某些应用中，缺乏随机性可能是一个缺点，但在视频合成中，生成图像的一致性是一个优点。因此，许多视频合成模型都是以图像或视频为条件的，特别是在条件人脸视频合成方面已经取得了巨大的成果，并在商业应用中产生了实际影响。下面来看一些最常见的人脸视频合成形式。

9.2.1 理解人脸视频合成

人脸视频合成最常见的形式是人脸再现和人脸交换。最好用下面的图片来说明它们之间的区别。

图 9.1 展示了人脸再现是如何工作的。在人脸再现中，我们希望将目标视频（右）中的人脸表情转移到源图像（左）中的面部，生成中间的图像。数字木偶戏已经被用于计算机动画和电影制作，演员的面部表情被用来控制数字替身。使用

人工智能进行人脸再现有可能让这一切更容易发生。

图 9.1 人脸再现工作原理

（来源：Y . Nirkin et al., 2019, “FSGAN: Subject Agnostic Face Swapping and Reenactment”,

https://arxiv.org/pdf/1908.05932）

虽然在技术上有所不同，但人脸再现和人脸交换是相似的。在生成视频方面，两者都可以用来创建假视频。顾名思义，人脸交换只是换脸，而不是换头。因此，目标人脸和源人脸应该具有相似的形状，以提高假视频的逼真度。你可以将此作为标准来区分人脸交换和人脸再现的视频。人脸再现在技术上更具挑战性，而且并不总是需要驱动视频，它可以使用面部特征或草图来代替。我们将在第 10 章中介绍这样的模型，本章将重点介绍使用 DeepFake 算法实现人脸交换。

9.2.2 DeepFake 概述

很多人可能都看过网上的视频，演员的脸被换成了另一个名人的脸，见到最多的名人就是演员尼古拉斯·凯奇（Nicolas Cage），由此产生的视频看起来非常滑稽。这一切都始于 2017 年年底，当时一个名叫 DeepFake 的匿名用户在社交新闻网站 Reddit 上发布了该算法（后来以该用户名命名）。这一事件非同寻常，因为在过去十年中，几乎所有突破性的机器学习算法都起源于学术界。

人们使用 DeepFake 算法制作了各种各样的视频，包括一些电视广告和电影视频。然而，这些假视频足以让人信以为真，它们也引发了一些道德问题。研究人员已经证明，可以制作假视频，让美国前总统贝拉克·奥巴马“说出”他没有说过的话。我们真的有理由担心 DeepFake 所引发的社会问题，研究人员也一直在设计方法来检测这些虚假视频。无论你是制作有趣的视频还是打击假新闻视频，都需要了解 DeepFake 是如何工作的。

DeepFake 算法大致可以分为以下两部分。

（1）用于人脸图像翻译的深度学习模型。我们首先收集两个人的数据集，例如 A 和 B，并使用自编码器训练他们分别学习他们的潜码，如图 9.2 所示。

DeepFake 有一个共享的编码器，但我们针对不同的人使用不同的解码器。图 9.2（a）显示了训练体系结构，图 9.2（b）显示了换脸的过程。

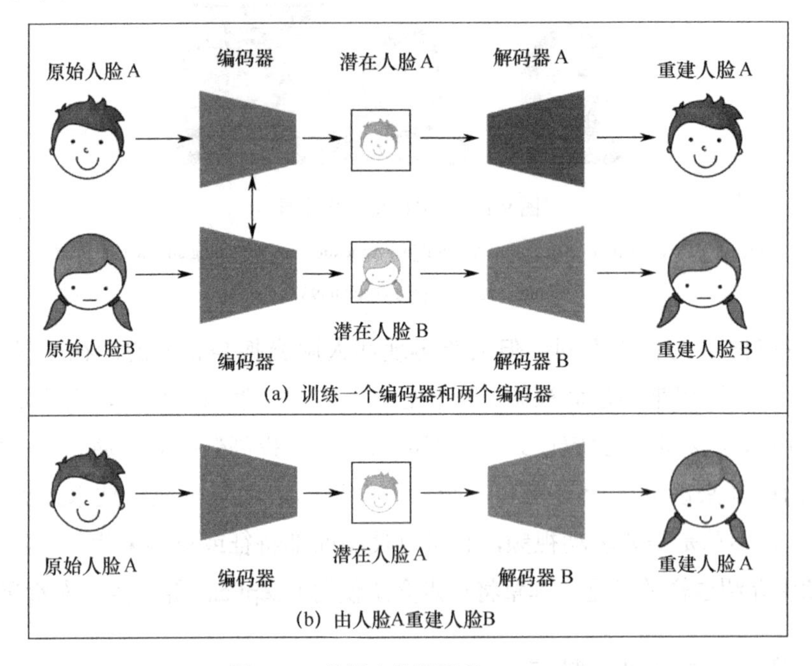

图 9.2　使用自编码器的 DeepFake

（摘抄：T.T. Nguyen et al, 2019, "Deep Learning for DeepFake Creation and Detection: A Survey", https://arxiv.org/abs/1909.11573）

首先，将人脸 A（源）编码成一个小的潜在人脸（潜码）。潜码包含面部特征，如头部姿势（角度）、面部表情、眼睛睁开或闭上，等等。然后，使用解码器 B 将潜码转换为人脸 B，目的是利用人脸 A 的姿态和表情生成人脸 B。

在正常的图像生成设置中，只需要制作模型，之后要做的就是将输入图像发送到模型以生成输出图像。但 DeepFake 的制作流程更为复杂，稍后将对此进行描述。

（2）采用一套传统的计算机视觉技术进行前后处理，包括：

① 人脸检测；

② 人脸特征点检测；

③ 人脸对齐；

④ 人脸扭曲；

⑤ 人脸遮挡检测。

图 9.3 为 DeepFake 的制作流程。

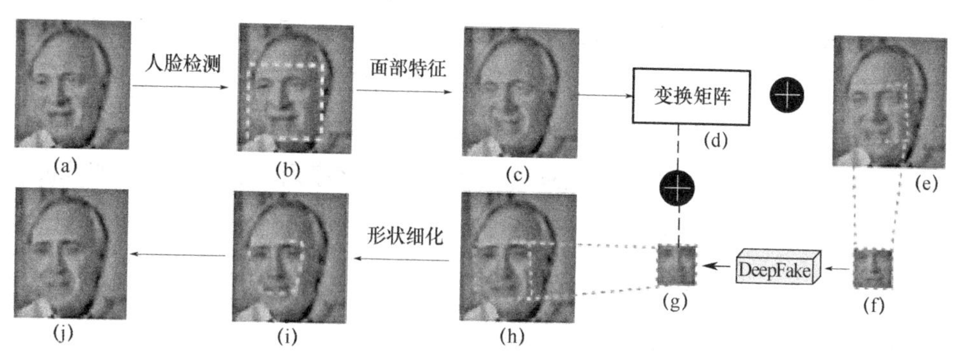

图 9.3 DeepFake 的制作流程

（来源：Y . Li, S. Lyu, 2019, “Exposing DeepFake Videos By Detecting Face Warping Artifacts”, https://arxiv.org/abs/1811.00656）

这些步骤可以分为三个阶段：

（1）步骤（a）～（f）是预处理阶段，即从图像中提取并对齐源人脸。

（2）进行人脸交换，产生目标人脸（g）。

（3）步骤（h）～（j）是将目标人脸粘贴到图像中的后处理阶段。

在第 2 章“变分自编码器”中学习并构建了自编码器，因此为 DeepFake 构建一个自编码器相对来说比较容易。另外，前面提到的许多计算机视觉技术在本书中还没有介绍过。所以，9.3 节将逐一实现人脸处理的各步骤。然后，设计自编码器并最终使用所有的技术一起产生深度假视频。

9.3 实现人脸图像处理

我们主要使用两个 Python 库——**dlib** 和 **OpenCV**——来实现大部分的人脸处理任务。OpenCV 适合一般用途的计算机视觉任务，包括低级函数和算法。虽然 dlib 最初是一种用于机器学习的 C++工具包，但它也有一个 Python 接口，是用于面部特征点检测的首选机器学习 Python 库。本章使用的大部分图像处理代码均取自一个网站（参见链接 32）。

9.3.1 从视频中提取图像

制作流程中的第一件事是从视频中提取图像。视频由一系列按固定时间间隔分离的图像组成。如果查看一个视频文件的属性，可能会发现上面写着 **frame=25fps**。**fps** 表示视频每秒图像帧数，25fps 为标准视频帧率。这意味着在 1 秒的持续时间内播放 25 张图像，或者每一张图像播放 1/25 = 0.04 秒。有许多软件包和工具可以将视频分割成图像，**ffmpeg** 就是其中之一。下面的命令演示了如何将一个.mp4 视频文件分割到目录/images 中，并使用数字序列为它们命名，如 image_0001.png、image_0002.png 等。

```
ffmpeg  -i video.mp4 /images/image_%04d.png
```

或者，也可以使用 OpenCV 逐帧读取视频，并将帧保存到单独的图像文件中。代码如下所示：

```
import cv2
cap = cv2.VideoCapture('video.mp4')
count = 0
while cap.isOpened():
    ret,frame = cap.read()
    cv2.imwrite("images/image_%04d.png" % count, frame)
    count += 1
```

我们使用提取的图像进行所有后续处理，不必再担心源视频的问题。

9.3.2 检测和定位人脸

传统的计算机视觉技术采用面向梯度直方图（Histogram of Oriented Gradients，HOG）进行人脸检测。像素图像的梯度可以通过在水平和垂直方向上取前面和后面像素的差来计算。梯度的大小和方向告诉我们一个面的线和角，然后可以使用 HOG 作为特征描述子来检测人脸的形状。当然，现代的检测方法是使用 CNN，尽管速度较慢但是它更准确。

face_recognition 是一个基于 dlib 的库。默认情况下，它使用 dlib 的 HOG 作为面部检测器，但也可以选择使用 CNN。它使用起来很简单，如下列代码所示：

```
import face_recognition
coords = face_recognition.face_locations(image, model='cnn')[0]
```

这个函数将返回图像中检测到的每个人脸的坐标列表。我们的代码中，假设图像中只有一张脸，返回的坐标是 css 格式（上、右、下、左）的，因此需要一个额外的步骤将它们转换为用于 dlib 人脸特征点检测器的 dlib.rectangle 对象，如下所示：

```
def _css_to_rect(css):
    return dlib.rectangle(css[3], css[0], css[1], css[2])
face_coords = _css_to_rect(coords)
```

可以从 dlib.rectangle 读取边界框坐标，并从图像中裁剪人脸部分，如下所示：

```
def crop_face(image, coords, pad=0):
    x_min = coords.left() - pad
    x_max = coords.right() + pad
    y_min = coords.top() - pad
    y_max = coords.bottom() + pad
    return image[y_min:y_max, x_min:x_max]
```

如果在图像中检测到人脸，下一步就可以进行检测人脸特征点的工作了。

9.3.3　面部特征的检测

面部特征是人脸图像上有趣点（也称为关键点）的位置，这些点围绕着下巴、眉毛、鼻梁、鼻尖、眼睛和嘴唇的边缘。图 9.4 显示了由 dlib 模型生成的 68 个面部特征的示例，位于下巴、眉毛、鼻梁、鼻尖、眼睛和嘴唇等处。

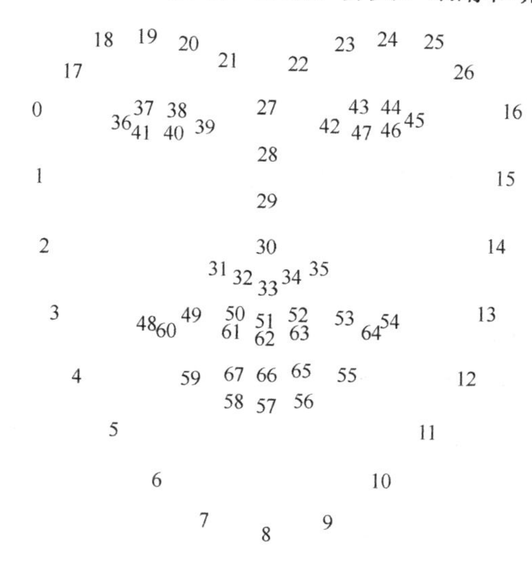

图 9.4　由 dlib 模型生成的面部特征的 68 个点

dlib 使得面部特征检测更加容易，在使用 dlib 之前，需要下载并把模型加载到 dlib 中。具体如下面的代码片段所示：

```
predictor = dlib.shape_predictor(
                'shape_predictor_68_face_landmarks.dat')
face_shape = predictor(face_image, face_coords)
```

我们还将人脸坐标传递给预测器，告诉它人脸的位置。这意味着，在调用函数之前，我们不需要裁剪出人脸。

面部特征在机器学习问题中是非常有用的特征。例如，如果我们想知道一个人的面部表情，可以使用嘴唇关键点作为机器学习算法的输入特征，以检测嘴巴是否张着。这比查看图像中的每个像素更有效和高效，我们也可以用面部特征来估计头部姿势。

我们在 DeepFake 中使用面部特征来进行人脸对齐，稍后再做解释。在此之前，需要将特征从 lib 格式转换为 NumPy 数组，如下所示：

```
def shape_to_np(shape):
    coords = []
    for i in range(0, shape.num_parts):
        coords.append((shape.part(i).x, shape.part(i).y))
    return np.array(coords)
face_shape = shape_to_np(face_shape)
```

现在完成了人脸对齐所需的一切准备工作。

9.3.4 面部对齐

通常，视频中的人脸会以各种姿势出现，如向左看或张着嘴。为了使自编码器更容易学习，须人脸与裁剪图像的中心对齐，直视相机，这就是所谓的人脸对齐。我们可以将其看作数据归一化的一种形式。DeepFake 的作者定义了一组面部特征作为参考脸，并称之为“均值人脸”。均值人脸包括除下巴的前 18 个点外的所有其他 50 个 dlib 特征，这是因为人们的下巴形状差异很大，可能会影响对齐的准确性，因此不能将其作为参考。

均值人脸

如果你还记得，我们在第 1 章“开始使用 TensorFlow 生成图像”中见过 mean faces。它们是直接从数据集中抽样生成的，因此与 dlib 中使用的方法不完全相同。不管怎样，如果你忘记了均值人脸是什么样子的，那就去看看吧。

我们需要对人脸图像执行以下操作，以使其与均值人脸的位置和角度对齐：

- 旋转。
- 缩放。
- 平移（位置移动）。

以上操作可以用 2×3 仿射变换矩阵表示。仿射矩阵 $\boldsymbol{M}$ 由矩阵 $\boldsymbol{A}$ 和 $\boldsymbol{B}$ 组成，如下式所示：

$$\boldsymbol{M}=\begin{bmatrix}\boldsymbol{A} & \boldsymbol{B}\end{bmatrix}=\begin{bmatrix}a_{00} & a_{01} & b_{00}\\ a_{10} & a_{11} & b_{10}\end{bmatrix}_{2\times3}$$

矩阵 $\boldsymbol{A}$ 包含线性变换（缩放和旋转）的参数，矩阵 $\boldsymbol{B}$ 则用于平移。DeepFake 使用 S. Umeyama 的算法来估计参数，该算法的源代码包含在笔者整理的 GitHub 存储库中的单个文件中。我们通过传入检测到的面部特征和均值人脸特征来调用该函数，如下面的代码所示。正如前面所解释的，我们省略了下巴处的特征，因为它们不包括在均值人脸中。

```
from umeyama import umeyama
def get_align_mat(face_landmarks):
    return umeyama(face_landmarks[17:], \
                   mean_landmarks, False)[0:2]
affine_matrix = get_align_mat(face_image)
```

现在可以将仿射矩阵传递给 cv2.warpAffine()来执行仿射变换了，如下面的代码所示：

```
def align_face(face_image, affine_matrix, size, padding=50):
    affine_matrix = affine_matrix * \
                    (size[0] - 2 * padding)
    affine_matrix[:, 2] += padding
    aligned_face = cv2.warpAffine(face_image,
                                  affine_matrix,
```

```
                                        (size, size))
    return aligned_face
```

图 9.5 为对齐前后的人脸面部图像，边界框显示工作中的人脸检测。左边的图片也有面部特征，右边是对齐后的人脸。可以看到，该面部被放大来适应均值人脸。事实上，对齐输出使面部放大，仅覆盖眉毛和下巴之间的区域。笔者添加了填充以缩小最终图像中的边界框。可以从边界框中看到，该面部已旋转，看起来是垂直的。

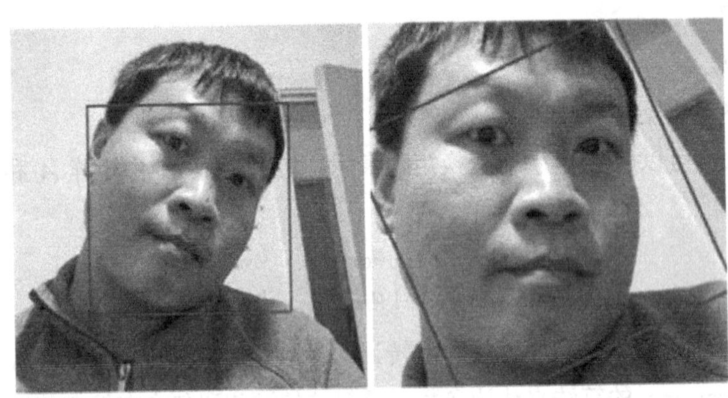

带有面部特征和面部检测边界框的人脸（笔者）　　　　对齐的脸

图 9.5　对齐前后的人脸面部图像

接下来学习最后一个图像预处理步骤：面部扭曲。

9.3.5　面部扭曲

我们需要通过输入图像和目标图像来训练自编码器。在 DeepFake 中，目标图像是经过对齐的人脸图像，而输入图像是经过人脸对齐后的扭曲版本。在前面的介绍中，图像通过变换之后，图像中的脸没有改变形状，但扭曲（例如，扭曲人脸的一侧）会改变人脸的形状。DeepFake 中数据增强的方法是通过扭曲人脸来模仿真实视频中人脸姿态的变化。

在图像处理中，变换是将像素从源图像中的一个位置映射到目标图像中的另一个位置。例如，平移和旋转是一种一对一的映射，可以改变位置和角度，但保留大小和形状。对于扭曲，映射可以是不规则的，并且可以将同一个点映射到多个点，从而产生扭曲和弯曲的效果。图 9.6 展示了将一个图像从维度 256×256 映射到 64×64 的示例。

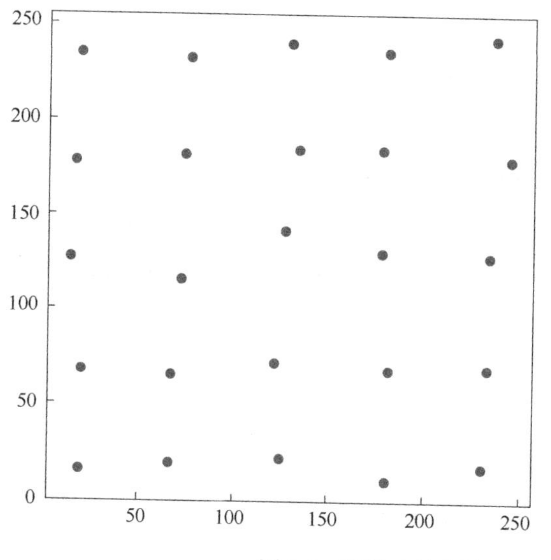

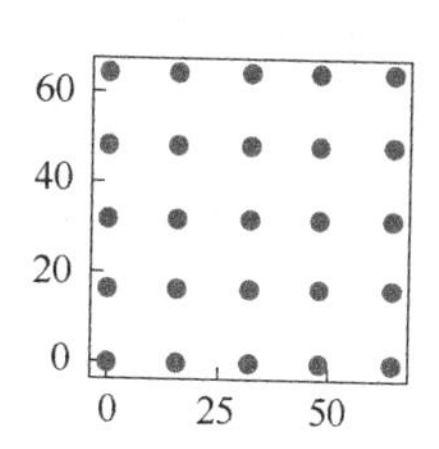

图 9.6 通过映射来演示扭曲

下面做一些随机扭曲，来稍微扭曲人脸，但不会做太多以免造成严重扭曲。下面的代码显示了如何实现人脸变形。你不必理解每一行代码，只需知道它使用前面描述的贴图将人脸扭曲为更小的尺寸即可。

```
coverage = 200
range_ = numpy.linspace(128 - coverage//2, 128 + coverage//2,
5)
mapx = numpy.broadcast_to(range_, (5, 5))
mapy = mapx.T
mapx = mapx + numpy.random.normal(size=(5, 5), scale=5)
mapy = mapy + numpy.random.normal(size=(5, 5), scale=5)
interp_mapx = cv2.resize(mapx, (80, 80))\
                     [8:72, 8:72].astype('float32')
interp_mapy = cv2.resize(mapy, (80, 80))[8:72,\
                     8:72].astype('float32')
warped_image = cv2.remap(image, interp_mapx,
                     interp_mapy, cv2.INTER_LINEAR)
```

我想大多数人都认为 DeepFake 只是一个深度神经网络，并没有意识到它还涉及这么多的图像处理步骤。幸运的是，OpenCV 和 dlib 为我们提供了方便。现在，我们可以继续构建整个深度神经网络模型。

9.4 建立 DeepFake 模型

原始 DeepFake 中使用的是基于自编码器的深度学习模型，总共有两个自编码器，每个自编码器对应一个人脸域，两个自编码器共享同一个编码器，因此在模型中总共有一个编码器和两个解码器。自编码器希望输入和输出的图像大小都是 64×64。

9.4.1 构建编码器

正如在第 8 章学到的，编码器负责将高维图像转换为低维来表示。我们首先编写一个函数来封装卷积层，Leaky ReLU 激活用于下采样：

```
def downsample(filters):
    return Sequential([
        Conv2D(filters, kernel_size=5, strides=2,
                    padding='same'),
        LeakyReLU(0.1)])
```

通常的自编码器在实现时，编码器的输出是一个大小为 100～200 的一维向量，但 DeepFake 使用更大的 1024 维。此外，它重组一维潜在向量，并将其放大为三维激活量。因此，编码器的输出不是大小为 1024 的一维向量，而是一个大小为（8, 8, 512）的张量，如以下代码所示：

```
def  Encoder(z_dim=1024):
     inputs = Input(shape=IMAGE_SHAPE)
     x = inputs
     x = downsample(128)(x)
     x = downsample(256)(x)
     x = downsample(512)(x)
     x = downsample(1024)(x)
     x = Flatten()(x)
     x = Dense(z_dim)(x)
     x = Dense(4 * 4 * 1024)(x)
     x = Reshape((4, 4, 1024))(x)
     x = UpSampling2D((2,2))(x)
     out = Conv2D(512, kernel_size=3, strides=1,
```

```
                    padding='same')(x)
    return Model(inputs=inputs, outputs=out, name='encoder')
```

编码器可以分为三个阶段：

（1）卷积层，将(64, 64, 3)图像缩小到(4, 4, 1024)。

（2）两个全连接层，第一个生成大小为 1024 的潜在向量，然后第二个将其投射到更高的维度，该维度被重组为(4, 4, 1024)。

（3）上采样和卷积层，将输出大小调整为(8, 8, 512)。通过图 9.7 的模型总结，可以更好地理解这一点。

模型：编码器

网络层（类型）	输出形状
input_1 (InputLayer)	[(None, 64, 64, 3)]
Downsample_1 (Sequential)	(None, 32, 32, 128)
Downsample_2 (Sequential)	(None, 16, 16, 256)
Downsample_3 (Sequential)	(None, 8, 8, 512)
Downsample_4 (Sequential)	(None, 4, 4, 1024)
flatten (Flatten)	(None, 16384)
dense (Dense)	(None, 1024)
dense_1 (Dense)	(None, 16384)
reshape (Reshape)	(None, 4, 4, 1024)
up_sampling2d (UpSampling2D)	(None, 8, 8, 1024)
conv2d_4 (Conv2D)	(None, 8, 8, 512)

图 9.7　模型总结

9.4.2　构建解码器

解码器的输入来自编码器的输出，所以它希望得到一个大小为(8, 8, 512)的张量。我们使用几层上采样，逐步将激活扩张到目标图像维数(64, 64, 3)。

与前面类似，首先为上采样块编写一个函数，其中包含一个上采样函数、一个卷积层和 Leaky ReLU，如下面的代码所示：

```
def upsample(filters, name=''):
    return Sequential([
        UpSampling2D((2,2)),
        Conv2D(filters, kernel_size=3, strides=1,
```

```
                    padding='same'),
        LeakyReLU(0.1)
    ], name=name)
```

然后将上采样块堆叠在一起。最后一层是卷积层，将通道数设置为 3，以与 RGB 颜色通道相匹配：

```
def Decoder(input_shape=(8, 8 ,512)):
    inputs = Input(shape=input_shape)
    x = inputs
    x = upsample(256,"Upsample_1")(x)
    x = upsample(128,"Upsample_2")(x)
    x = upsample(64,"Upsample_3")(x)
    out = Conv2D(filters=3, kernel_size=5,
    padding='same',
                    activation='sigmoid')(x)
    return Model(inputs=inputs, outputs=out,
                 name='decoder')
```

解码器的模型总结如图 9.8 所示。

模型：解码器

网络层（类型）	输出形状
input_1 (InputLayer)	[(None, 8, 8, 512)]
Upsample_1 (Sequential)	(None, 16, 16, 256)
Upsample_2 (Sequential)	(None, 32, 32, 128)
Upsample_3 (Sequential)	(None, 64, 64, 64)
conv2d_3 (Conv2D)	(None, 64, 64, 3)

图 9.8 解码器的模型总结

接下来把编码器和解码器放在一起构造自编码器。

9.4.3 训练自编码器

如前所述，DeepFake 模型由两个共享相同编码器的自编码器组成。要构造自编码器，第一步是实例化编码器和解码器：

```
class DeepFake:
    def __init__(self, z_dim=1024):
        self.encoder = Encoder(z_dim)
```

```
        self.decoder_a = Decoder()
        self.decoder_b = Decoder()
```

然后通过将编码器与各自的解码器连接，构建两个独立的自编码器，如下所示：

```
x = Input(shape=IMAGE_SHAPE)
        self.ae_a = Model(x, self.decoder_a(self.encoder(x)),
                          name="Autoencoder_A")
        self.ae_b = Model(x, self.decoder_b(self.encoder(x)),
                          name="Autoencoder_B")
        optimizer = Adam(5e-5, beta_1=0.5, beta_2=0.999)
        self.ae_a.compile(optimizer=optimizer, loss='mae')
        self.ae_b.compile(optimizer=optimizer, loss='mae')
```

下一步是准备训练数据集。虽然自编码器的输入图像大小为 64×64，但图像预处理流程希望的图像尺寸为 256×256。对于每个人脸，大约需要 300 个图像，在 GitHub 存储库中有一个链接，可以在那里下载一些已准备好的图片。

或者，通过使用我们之前学到的图像处理技术从收集的图像或视频中裁剪脸部，自己来创建数据集。数据集中的人脸不需要对齐，因为对齐在图像预处理流程中执行。图像预处理生成器将返回两张图像——一张对齐的脸和一张扭曲的脸，分辨率均为 64×64。

现在就将这两个生成器传递给 train_step()来训练自编码器模型，如下所示：

```
def train_step(self, gen_a, gen_b):
    warped_a, target_a = next(gen_a)
    warped_b, target_b = next(gen_b)
    loss_a = self.ae_a.train_on_batch(warped_a, target_a)
    loss_b = self.ae_b.train_on_batch(warped_b, target_b)
    return loss_a, loss_b
```

编写和训练自编码器可能是 DeepFake 流程中最简单的部分。我们不需要太多的数据，每个人脸，大约 300 张图像就足够了。当然，更多的数据肯定能提供更好的结果。由于数据集和模型都不大，即使不使用 GPU，训练也可以相对较快地进行。一旦完成了训练模型，最后一步就是人脸互换了。

9.5 人脸互换

这是 DeepFake 流程的最后一步，但我们要先回顾一下训练流程。DeepFake 的工作流程主要包括三个步骤：

（1）使用 dlib 和 OpenCV 从图像中提取人脸。

（2）使用经过训练的编码器和解码器转换人脸。

（3）将新的人脸替换到原始图像中。

自编码器生成的新的人脸是一个对齐的面孔，大小为 64×64，我们需要将它扭曲到原始图像中的位置、大小和角度。在人脸提取阶段使用从步骤 1 获得的仿射矩阵，然后像以前一样使用 cv2.warpAffine，并且这次使用 cv2.WARP_INVERSE_MAP 标志来反转图像变换的方向，如下所示：

```
h, w, _ = image.shape
size = 64
new_image = np.zeros_like(image, dtype=np.uint8)
new_image = cv2.warpAffine(np.array(new_face,
                                    dtype=np.uint8)
                           mat*size, (w, h),
                           new_image,
                           flags=cv2.WARP_INVERSE_MAP,
                           borderMode=cv2.BORDER_TRANSPARENT)
```

然而，直接将新的人脸粘贴到原始图像上会在边缘产生伪影。如果新人脸的任何部分（64×64 的正方形）超过了原来的面孔边界，这一点就会特别明显。为了减少伪影，使用蒙版修整新面孔。我们创建的第一个蒙版是围绕原始图像中面部特征的轮廓。下面的代码将首先找到给定面部特征的轮廓，然后在轮廓内填充 1，并将其作为一个 Hull 掩模返回：

```
def get_hull_mask(image, landmarks):
    hull = cv2.convexHull(face_shape)
    hull_mask = np.zeros_like(image, dtype=float
    hull_mask = cv2.fillConvexPoly(hull_mask,
                                   hull,(1,1,1))

    return hull_mask
```

因为 Hull 掩模比新的人脸矩形更大，需要修剪 Hull 掩模来适应新的正方形。为了做到这一点，可以从新的人脸创建一个矩形掩模，并将其与 Hull 掩模相乘。图 9.9 展示了图像的掩模示例。

(a) 原图像

(b) 新脸矩形掩模

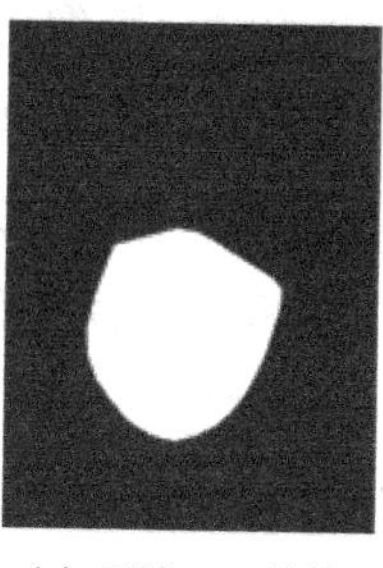

(c) 原脸 Hull 掩模

(d) 组合掩模

图 9.9　图像的掩模示例

然后，使用掩模从原始图像中删除面部，并使用以下代码填充新的面部：

```
def apply_face(image, new_image, mask):
    base_image = np.copy(image).astype(np.float32)
    foreground = cv2.multiply(mask, new_image)
    background = cv2.multiply(1 - mask, base_image)
    output_image = cv2.add(foreground, background)
    return output_image
```

生成的脸看起来可能仍然不完美。例如，这两张脸的肤色或底纹大不相同，此时就需要进一步使用更复杂的方法来消除伪影。

这就是图像的人脸互换，在此基础上我们对从视频中提取的每个图像都进行人脸互换，然后将图像转换回视频序列。一种方法是使用如下所示的 ffmpeg：

```
ffmpeg -start_number 1 -i image_%04d.png -vcodec mpeg4 output.
mp4
```

为了使大家更容易理解，本章中使用的 DeepFake 模型和计算机视觉技术是相当基础的。因此，代码可能不会生成真实的假视频。如果你热衷于制作高质量的假视频，建议你访问 GitHub 存储库（参见链接 33），本章的大部分代码都基于这个存储库。

接下来，我们将快速了解如何通过使用 GAN 改进 DeepFake。

9.6 用 GAN 改进 DeepFake

DeepFake 的自编码器的输出图像可能有点模糊，那么我们如何改进呢？综上所述，DeepFake 算法可以分为两种主要的技术：人脸图像处理和人脸生成。后者可以被认为是一个图像到图像的翻译问题，我们在第 4 章“图像到图像的翻译”中已经学了很多。因此，正常的做法是使用 GAN 来提高质量，一个有用的模型是 faceswap-GAN，现在我们对它进行一个高级概述。来自原始 DeepFake 的自编码器通过残差块和自注意力块（参见第 8 章“图像生成的自注意力机制”）进行增强，并在 faceswap-GAN 中用作生成器。

faceswap-GAN 的判别器结构如图 9.10 所示，通过此图我们可以了解很多关于判别器的信息。首先，输入张量的通道维数为 6，这表明它是两幅图像的叠加——真图像和假图像；然后，有两个自注意力层块，输出的形状为 8×8×1，每个输出特征都会查看部分输入图像。换句话说，判别器是带有自注意力层的 PatchGAN。

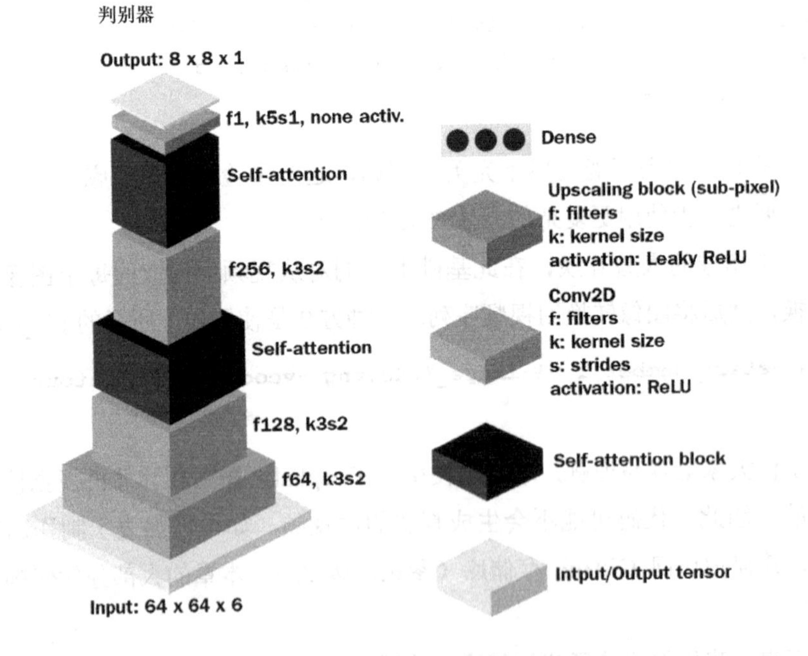

图 9.10 faceswap-GAN 的判别器结构

（摘抄：https://github.com/shaoanlu/faceswap-GAN）

faceswap-GAN 的编码器和解码器的架构如图 9.11 所示。

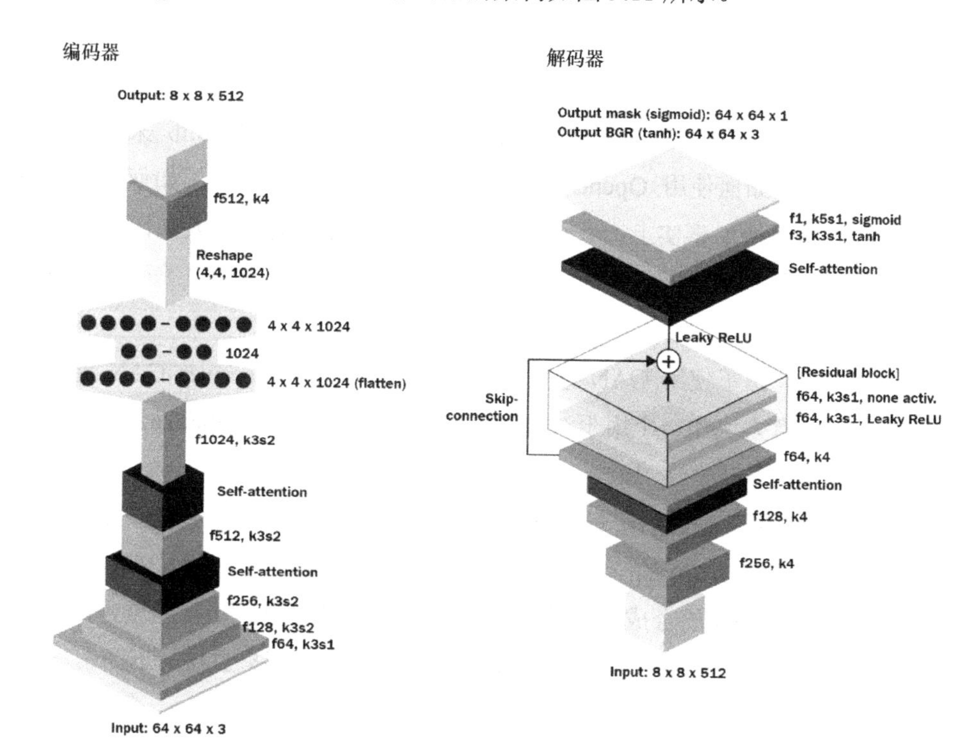

图 9.11 faceswap-GAN 的编码器和解码器的架构

（摘抄：https://github.com/shaoanlu/faceswap-GAN）

编码器和解码器没有太多变化。编码器和解码器都添加了自注意力层，解码器中还添加了一个残差块。在训练中使用的损失如下：

- **最小二乘（LS）损失**，是对抗性损失。
- **感知损失**，是真实人脸和虚假人脸的 VGG 特征之间的 L2 损失。
- L1 重建损失。
- **边缘损失**，是眼睛周围的 L2 梯度损失（在 x 和 y 方向上），这有助于模型生成逼真的眼睛。

我一直想通过本书实现的一件事是，向你灌输图像生成的基本构建块的大部分知识。一旦你了解了它们，实现一个模型就像是把乐高积木拼在一起。由于我们已经熟悉了损失（除了边缘损失）、残差块和自注意力块，因此如果你愿意的话，我相信你现在就可以自己实现此模型。对于感兴趣的读者，可以访问网址（参见链接 34）来查阅原始的实现过程。

9.7 本章小结

恭喜你！现在已经学完了本书的全部代码。学习了如何使用 dlib 来检测人脸和面部特征，以及如何使用 OpenCV 来扭曲和对齐面部；还学习了如何使用扭曲和掩盖来做人脸替换。事实上，我们在本章花了大部分时间学习人脸图像处理，而在深度学习方面花的时间很少，已经通过重用和修改前一章的自编码器代码实现了自编码器。

最后，本章介绍了使用 GAN 改进 DeepFake 的例子。Faceswap-GAN 通过添加残差块、自注意力块和一个用于对抗训练的判别器来改进 DeepFake，所有这些我们已经在前面的章节中学习过。

在第 10 章，也就是最后一章，首先，我们将回顾在本书中学到的技术，并查看在实际应用中训练 GAN 的一些陷阱；其次，介绍几个重要的 GAN 架构，看看图像修饰和文本到图像的合成；最后，着眼于未来新兴应用，如视频重定向和三维到二维渲染。第 10 章中不会有任何编码，所以你可以坐下来放松一下。

第 10 章　总结与展望

前面已经介绍并实现了许多生成模型，然而，还有很多模型和应用我们没有涉及，因为它们超出了本书的范围。本章将首先总结一些我们学过的重要技术，如**优化器**和**激活函数**、**对抗损失**、**辅助损失**、**归一化和正则化**，然后介绍在现实世界中使用生成模型时的一些常见陷阱，最后介绍一些有趣的图像（或视频）生成模型和应用程序。本章没有代码，但你会发现本章中介绍的许多新模型都是使用以前学过的技术构建的，还有一些资源链接，你可以通过链接阅读论文和代码来探索这项技术。

本章主要涵盖以下主题：

- GAN 的回顾。
- 将你的技能付诸实践。
- 图像处理。
- 文本转图像。
- 视频重定向。
- 神经渲染。

10.1　GAN 的回顾

除了在第 1 章中介绍的 PixelCNN 使用 TensorFlow 实现图像生成是基于 CNN，所有其他我们了解的生成模型都是基于变分自编码器或 GAN。严格地说，GAN 不是一个网络，而是一种训练方法，它利用了两个网络——生成器和判别器。我试着在本书里加入很多内容，所以，信息量是巨大的。现在对所学到的重要技术进行总结，主要分为以下几类：

- 优化器和激活函数。
- 对抗损失。

- 辅助损失。
- 归一化。
- 正则化。

10.1.1 优化和激活功能

Adam 是训练 GAN 中最受欢迎的优化器，其次是 RMSprop。通常情况下，Adam 中的第一个时刻设置为 0，第二个时刻设置为 0.999。生成器的学习率被设置为 0.0001，而判别器使用的学习率是该学习率的 2～4 倍。判别器是 GAN 的关键部件，它需要在生成器之前学习。训练步骤中，WGAN 对判别器的训练次数多于对生成器的训练次数，另一种替代方法是对判别器使用更高的学习率。

此外，内部层的实际激活功能是 leaky ReLU，其 alpha 值为 0.01 或 0.02。生成器输出激活函数的选择取决于图像的归一化，即 sigmoid 为[0,1]像素范围，Tanh 为[−1,1]像素范围。另外，除了早期非饱和损失外，判别器对大多数对抗性损失使用线性输出激活函数。

10.1.2 对抗损失

我们知道自编码器可以在 GAN 中被设置成生成器。GAN 通过对抗性损失（有时称为 GAN 损失）进行训练，图 10.1 列出了一些常见的对抗性损失，其中 σ 是指 s 型函数。

损失	判别器 (real data)	判别器 (fake data)	生成器
非饱和损失	$\log \sigma(x)$	$\log \sigma(1-x)$	$-\log \sigma(x)$
Wasserstein	x	$-x$	$-x$
最小二乘损失	$-(x-1)^2$	$-x^2$	$(x-1)^2$
铰链损失	$\min(0, x-1)$	$\min(0, -x-1)$	$-x$

图 10.1 常见的对抗性损失

在 Vanilla GAN 中使用非饱和损失，由于梯度分离而导致不稳定。Wasserstein 损失有相关理论来证明它可以实现更稳定的训练。然而，许多 GAN 模型选择使用最小二乘损失，也被证明是稳定的。近年来，铰链损失已成为许多先进机型的首选。我们不清楚哪种损失是最好的，然而，本书我们在许多模型中使用了最小二乘和铰链损失，它们的训练似乎都很好。因此，建议你在设计新的 GAN 时首先尝试使用它们。

10.1.3 辅助损失

除了作为 GAN 训练的主要损失的对抗性损失外，还有各种辅助损失有助于生成更好的图像。其中一些辅助损失如下：

- **重建损失**（第 2 章“变分自编码器”），有助于提高像素精度，通常是 L1 损失。
- **变分自编码器（VAE）的 KL 散度损失**（第 2 章“变分自编码器”），使潜在向量达到一个标准的多元正态分布。
- 用于双向图像翻译的**循环一致性损失**（第 4 章“图像到图像的翻译”）。
- **感知损失**（第 5 章“风格迁移”），测量图像之间高层次的感知和语义差异。可以进一步分为以下两种损失。
  - **特征匹配损失**，通常是 VGG 层提取的图像特征的 L2 损失，也被称为**知觉损失**。
  - 风格损失，其特征通常来自 VGG 特征，如 Gram 矩阵或激活统计，并使用 L2 损失进行计算。

10.1.4 归一化

层激活被归一化以稳定网络训练。归一化的一般形式如下：

$$\hat{x}=\frac{x-\mu}{\sqrt{\sigma^2+\varepsilon}} \qquad (10\text{-}1)$$
$$y=\gamma\hat{x}+\beta$$

其中，x 为激活，μ 为激活的均值，σ 为激活的标准差，ε 为数值稳定性的模糊因子，γ 和 β 是可学习参数，每个激活通道有一对。许多不同的正则化仅在如何得到 μ 和 σ 上有所不同：

- **批量归一化**（第 3 章“生成对抗网络”）中的均值和标准差是通过批量 N 和（H, W）维度计算的，换言之，是通过整个（N, H, W）维度计算的。
- **实例归一化**（第 4 章“图像到图像的翻译”）是目前的首选方法，它只使用（H, W）维度计算。
- **自适应实例归一化（AdaIN）**（第 5 章“风格迁移”）用于合并内容和风格

激活，它仍然使用式（10-1）的方程，只是现在参数有了不同的含义。x 仍然是我们从内容特征考虑的激活，γ 和 β 不再是可学习的参数，而是风格特征的均值和标准差。

- **空间自适应归一化（SPADE）**（第 6 章"人工智能画家"）针对每个特征（像素）有一对 γ 和 β 值，换句话说，它们有（H, W, C），是通过在分割图上运行卷积层来分别归一化来自不同语义对象的像素而产生的。
- **条件批量归一化**（第 8 章"图像生成的自注意力机制"）与批量归一化类似，只是 γ 和 β 现在是（LABELS, C）的多维度，所以每个数据集的类标签是一个集合。
- **像素归一化**（第 7 章"高保真人脸生成"）偏离了前面的设置，它没有 μ、γ 或 β，σ 是每个空间位置的通道维度的 L2 范数，归一化激活的量值为 1。

10.1.5 正则化

除了对抗性损失和归一化外，正则化是稳定 GAN 训练的另一个重要因素。正则化的目的是约束网络权值的增长，以抑制生成器和判别器之间的竞争，这通常是通过添加使用权重的损失函数来完成的。GAN 中使用的两种常见正则化旨在强制 1-Lipschitz 约束。

- **梯度惩罚**（第 3 章"生成对抗网络"）惩罚权重梯度的增长。然而，计算输入的梯度需要额外的反向传播，但是梯度惩罚大大降低了反向传播速度，所以它不是很常用。
- **正交正则化**（第 8 章"图像生成的自注意力机制"）的目的是使权重变换为标准正交矩阵，这是因为矩阵范数与正交矩阵相乘时不变，可以避免梯度消失或梯度爆炸的问题。
- **谱归一化**（第 8 章"图像生成的自注意力机制"）通过用分层权重除以其谱范数进行归一化，这与通常使用损失函数来约束权重的正则化不同。谱归一化计算效率高，易于实现，且不受训练损失的影响，应该在设计新的 GAN 时使用它。

以上是对 GAN 技术的总结。下面来看我们还没有探索过的新应用程序和模型。

10.2　将你的技能付诸实践

现在，你可以应用学到的技能来实现自己的图像生成项目了。在开始之前，有一些陷阱需要注意，还有一些实用的建议可以听取。

10.2.1　不要相信你读到的一切

一篇新的学术论文发表并展示了由他们的模型生成的惊人图像，对这种事不能尽信！通常，这些论文会精心挑选出最好的结果来展示，并隐藏失败的例子。此外，图像被缩小以适合纸张大小，因此图像的伪影可能从纸张上看不到。在你投入时间使用或重新验证论文中的信息之前，请试着找到其他资源的结果。可以是作者的网站或 GitHub 存储库，其中可能包含原始的高清图像和视频。

10.2.2　你的 GPU 够强吗

深度学习模型的运算量非常大，尤其是 GAN。许多最先进的结果都是在多个 GPU 上花费数周时间训练大量数据之后产生的。几乎可以肯定你也需要那种计算能力来重现这些结果。因此，要注意论文中使用的计算资源，以避免让自己失望。如果不介意等待，你可以使用单个 GPU 并花费 4 倍的时间（假设最初的实现使用了 4 个 GPU）。然而，这通常意味着批量大小也必须减少到四分之一，这可能对结果和收敛速度有影响。你可能不得不降低学习率以匹配被减少的批量大小，这会进一步延长训练时间。

10.2.3　使用现有的模型构建你的模型

著名的人工智能科学家 Andrej Karpathy 博士在 2019 年的一次演讲中说，“不要做英雄。”当你想要创建一个人工智能项目时，不要发明自己的模型，而是从现有的模型着手。研究人员花费了大量的时间和资源来创建模型，在这一过程中，他们可能还投入使用了一些技巧。因此，你应该从现有模型开始，然后在它们的基础之上进行调整或构建，以满足自己的需求。

正如我们在本书中所看到的，最先进的模型通常不是凭空出现的，而是建立在已有的模型或技术之上的。通常可以在网上找到模型的实现，可以是作者的官方实现，也可以是各种不同机器学习框架的爱好者的重新实现。在一个有用的网络资源网站上也许能够找到你所需要的模型，参见链接 35。

10.2.4 理解模型的局限性

本人所知道的许多人工智能公司并不创建自己的模型架构，原因在前面几节中已经提到。那么，学习编写 TensorFlow 代码来创建图像生成模型的意义是什么呢?对于这个问题，首要答案是，通过从头开始编写，你现在已经了解了网络层和模型是什么，以及它们的局限性。比如说，一个不了解 GAN 的人对人工智能的能力感到惊讶，所以他下载了 pix2pix，在自己的数据集上训练，把猫的图像翻译成树。但这行不通，他也不知道为什么会失败，人工智能对他来说就是一个黑匣子。

作为受过人工智能教育的人，我们知道 pix2pix 需要一个成对的图像数据集，而我们需要使用 CycleGAN 来处理未成对的数据集。你学到的知识将帮助你选择正确的模型和使用正确的数据。此外，你现在也知道了如何根据不同的图像大小、不同的条件等调整模型体系结构。

我们已经了解了使用生成模型时的一些常见缺陷，下面将介绍一些有趣的应用程序和模型，你可以使用生成模型来实现它们。

10.3 图像处理

在图像生成模型能做的所有事情中，**图像处理**可能是商业用途产生最佳结果的一个。在我们的语境中，图像处理是指对已有的图像进行一些变换以产生新的图像。本节将介绍图像处理的三种应用——**图像修整**、**图像压缩**和**图像超分辨率**（**ISR**）。

10.3.1 图像修整

图像修整是在图像中填充缺失的像素，从而使结果具有视觉现实感的过程，它在图像编辑中有实际应用，如恢复损坏的图像或去除遮挡的物体。如图 10.2 所示的示例中，可以看到如何使用 DeepFill v2 进行图像修整，删除背景中的人物。首先，用白色像素填充雕塑后的 3 个人像，然后，用生成模型填充像素。

(a) 原始图像　(b) 填充白色面具　(c) 恢复图像

图 10.2　图像修整的示例

（源自：J. Yu et al., 2018, “Free-Form Image Inpainting with Gated Convolution”, https://arxiv.org/abs/1806.03589）

传统的图像修整是寻找一个具有相似纹理的背景图像块，然后将其粘贴到缺失的区域。然而，这通常只适用于小区域的简单纹理。背景编码器是为图像修整设计的第一个 GAN，它的结构类似于自编码器，但除了通常的 L2 重建损失外，还训练了对抗损失。如果有一个大的区域需要填充，结果可能会显得模糊。解决这个问题的方法是使用两个网络（粗糙和精细）进行不同规模的训练。DeepFill（J. Yu et al., 2018, *Generative Image Inpainting with Contextual Attention*，参见链接 36）使用这种方法添加了一个注意力层，其目的是更好地从复杂的图像中捕捉特征。

在早期的 GAN 中，图像修整数据集是通过随机切割方形掩码（孔）创建的，但该技术不能很好地应用于现实世界中。Yu 等人提出了一个使用部分卷积层来创建不规则掩码的方法，该层包含一个蒙版卷积，就像在第 1 章“开始使用 TensorFlow 生成图像”的 PixelCNN 中实现的卷积一样。图 10.3 的图像示例展示了使用基于部分卷积的网络的结果。

图 10.3　不规则掩码和着色结果

（源自：G. Liu et al., 2018,“Image Inpainting for Irregular Holes Using Partial Convolutions”, https://arxiv.org/abs/1804.07723）

DeepFill v2 使用选通卷积来改进和推广掩码卷积。DeepFill 只使用一个标准的判别器来预测真实或虚假的图像。当图像中存在许多自由形式的喷涂空洞时，效果不是很好。因此，它使用**谱归一化的 PatchGAN（SN-PatchGAN）**来促使生成更逼真的喷涂。

以下是关于这个主题的一些额外资源：

- TensorFlow v1 源代码的 DeepFill v1 和 DeepFill v2，参见链接 37。
- 交互式修补演示，你可以使用自己的照片，参见链接 38。

10.3.2 图像压缩

图像压缩是将图像从原始像素转换为编码数据的过程，编码数据的尺寸要小得多，便于存储或通信。例如，JPEG 文件是压缩的图像，当我们打开一个 JPEG 文件时，计算机反转压缩过程来恢复图像像素。简化后的图像压缩方法如下。

（1）**分割**：将图像分割成小块，每个小块分别进行处理。

（2）**转换**：将原始像素转换为可充分压缩的形式。在这一阶段，通常采用去除高频内容的形式来实现更高的压缩率，这使得恢复的图像更加模糊。例如，考虑包含[255, 250, 252, 251...]的一段灰度图像，几乎为白色的像素值，它们之间的差异是如此之小，以至于人类的眼睛无法察觉。我们可以将所有像素都转换为 255，这样可使数据更容易压缩。

（3）**量化**：使用较低的位数来表示数据。例如，将一个 256 像素的、值在[0, 255]之间的灰度图像转换为[0, 1]的两个黑白值。

（4）**符号编码**：用一些有效的编码方法对数据进行编码。一种常见的编码称为**游程编码**。我们可以只保存像素之间的差异，而不是每 8 位像素保存一次。因而，我们不需要保存[255, 255, 255...]的白色像素，而只需将其编码为[255]×100，这表示白色像素重复 100 次。

使用更极端的量化或去除更多频率的内容，可以获得更高的压缩率，但是会丢失图像的部分信息（因此，这被称为有损压缩）。图 10.4 展示了生成压缩网络的过程，编码器 E 将图像映射为潜在特征 w，通过有限量化器 q 对其进行量化，得到 $\hat{w}$，将其编码为比特流，解码器 G 完成重建图像，D 为判别器。

一般来说，生成压缩使用自编码器架构将图像压缩成小的、潜在的代码，再使用解码器恢复。

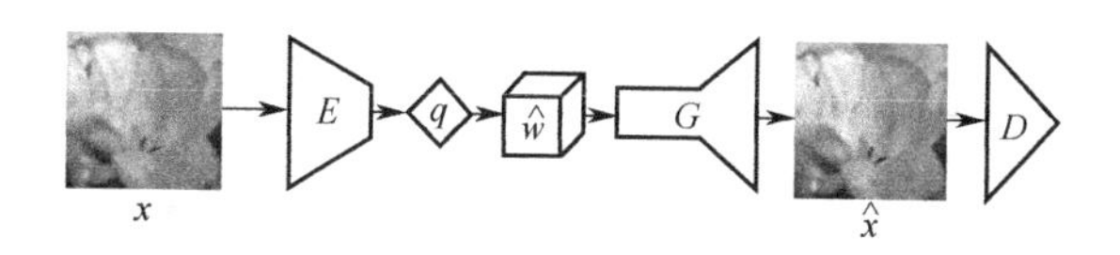

图 10.4　生成压缩网络

（源自：E. Agustsson et al., 2018,"Generative Adversarial Networks for Extreme Learned Image Compression", https://arxiv.org/abs/1804.02958）

10.3.3　图像超分辨率

我们通过大量使用上采样层来提高生成器（GAN）或解码器（自编码器）中激活的空间分辨率。上采样的工作原理是将像素间隔开，并通过插值填充空白。因此，放大后的图像通常是模糊的。

在很多图像应用程序中想要放大图像，同时保持其清晰度，可以通过图像超分辨率（ISR）来实现。ISR 的目标是将图像从低分辨率（LR）提升到高分辨率（HR）。超分辨率生成对抗网络（SRGAN）（C. Ledig et al.，2016，*Photo-Realistic Single Image Super-Resolution Using a Generative Adversarial Network*，参见链接 39）是第一个使用生成对抗网络实现 ISR 的这一目标的网络。SRGAN 的架构与 DCGAN 类似，但使用了残差块而不是普通的卷积层。它借鉴了风格迁移文献中的感知损失，即根据 VGG 特征计算出的内容损失。回想起来，我们知道这比像素损失能更好地衡量视觉感知质量。现在可以看到自编码器在各种图像处理任务中是多么的“多才多艺”。类似的自编码器体系结构可以用于其他图像处理任务，如图像去噪或去模糊。

接下来，我们将研究一个应用程序，其中模型的输入不是图像而是文字。

10.4　文本转图像

从文本到图像的 GAN 是条件 GAN，它使用单词作为生成图像的条件，而不是使用类标签作为条件。在早期的实践中，GAN 使用单词嵌入作为条件输入生成器和判别器。它的架构类似于在第 4 章“图像到图像的翻译”中学习过的条件 GAN，区别是文本的嵌入是使用**自然语言处理（NLP）**预处理方法生成的。文本条件 GAN 的架构如图 10.5 所示，其中生成器和判别器都使用文本编码。

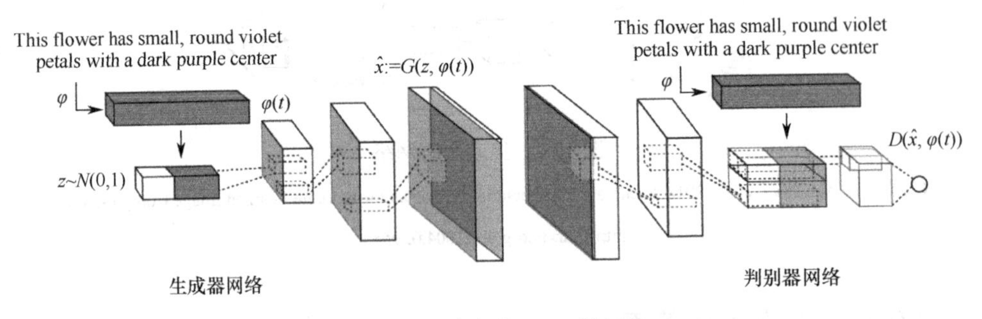

图 10.5　文本条件 GAN 的架构

（摘抄：S. Reed et al., 2016, "Generative Adversarial Text to Image Synthesis", https://arxiv.org/abs/1605.05396）

像普通 GAN 一样，生成的高分辨率图像往往是模糊的。StackGAN 通过将两个网络堆叠在一起来解决这个问题。图 10.6 展示了 StackGAN 在不同阶段的文本和生成的图像。第一个生成器根据单词嵌入生成低分辨率图像。然后第二生成器将生成的图像和词嵌入作为输入条件交给第二生成器生成精细的图像。在本书中已经了解到，在许多高分辨率 GAN 中从粗到细的架构以不同的形式出现。

This bird is white with some black on its head and wings, and has a long orange beak

This bird has a yellow belly and tarsus,grey back, wings, and brown throat, nape with a black face

This flower has overlapping pink pointed petals surrounding a ring of short yellow filaments

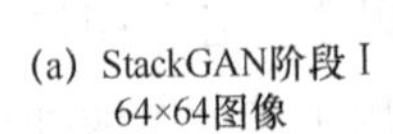

(b) StackGAN阶段 II
256×256图像

图 10.6　StackGAN 在不同阶段生成的图像

（源自：H. Zhang et al.,2017, "StackGAN：Text to Photo-realistic Image Synthesis with Stacked Generative Adversarial Networks", https://arxiv.org/abs/1612.03242）

AttnGAN（T. Xu et al.，2017，*AttnGAN：Fine-Grained Text to Image Generation with Attentional Generative Adversarial Networks*，参见链接 40）通过使用注意力模块进一步改进了文本到图像的合成。注意力模块与 SAGAN（第 8 章

"图像生成的自注意力机制"）中使用的注意力模块不同，但原理是一样的。在生成器的每个阶段开始时，注意力模块有两个输入——单词特征和图像特征。当从粗粒度生成器移动到细粒度生成器时，它学会注意不同的单词和图像区域，之后的大多数文本到图像模型都有某种形式的注意力机制。

文本到图像仍然是一个未解决的问题，仍然难以由文本生成复杂的真实世界的图像。如图 10.7 所示，生成的图像还远远不够完美。研究人员开始从 NLP 引入最新进展，以改善文本到图像的性能。

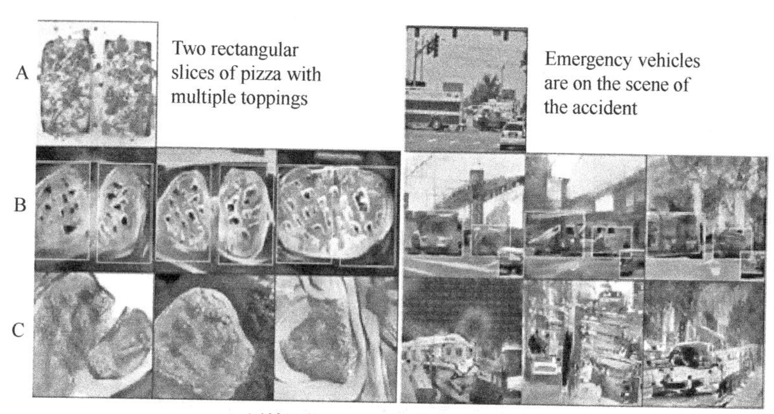

A：原始图像及其在数据集中的图像标题

B：StackGAN 生成的图像+对象路径

C：StackGAN 生成的图像

图 10.7　MS-COCO 数据集给定标题生成的图像示例

（源自：T. Hinz et al., 2019, "Generating Multiple Objects at Spatially Distinct Locations", https：//arxiv.org/abs/1901.00686）

接下来，我们将了解令人激动的应用——视频重定向。

10.5　视频重定向

视频合成是一个广泛的术语，用于描述所有形式的视频生成。视频合成包括从随机噪声或文字生成视频、对黑白视频进行着色，等等，就像生成图像一样。本节我们将研究一个称为视频重定向的视频合成的子类。下面首先学习两个应用程序——人脸再现和姿势转换，然后介绍一个强大的模型，使用运动来概括视频目标。

10.5.1 人脸再现

在第 9 章“视频合成”中介绍了人脸再现和人脸互换，视频合成中的人脸再现是将驱动视频中的人脸表情转换到目标视频中的人脸上，这在动画和电影制作中很有用。最近，Zakharov 等人提出了一种生成模型，只需要少量的目标二维图像，使用面部轮廓作为中间特征来实现，实现过程如图 10.8 所示。

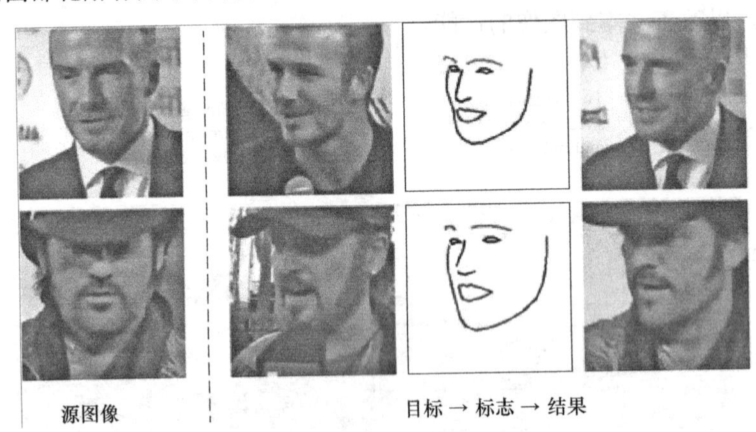

图 10.8 将面部表情从目标图像转移到源图像

（来源：E. Zakharov et al., 2019,“Few-Shot Adversarial Learning of Realistic Neural Talking Head Models”, https://arxiv.org/abs/1905.08233）

小样本对抗学习的模型体系结构如图 10.9 所示。

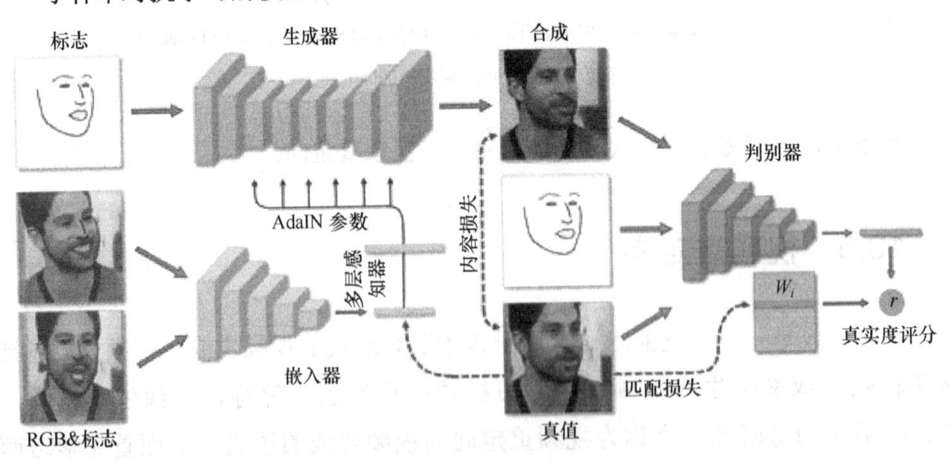

图 10.9 小样本对抗学习的模型体系结构

（来源：E. Zakharov et al., 2019, “Few-Shot Adversarial Learning of Realistic Neural Talking Head Models”, https://arxiv.org/abs/1905.08233）

首先你应该注意到了图 10.9 中的内容 **AdaIN**，马上就知道它是一个基于风格的模型。因此，可以看出上面的特征是内容（“目标”的脸的形状和姿势），而风格（“来源”的脸的属性和表情）是从**嵌入器**中提取的，然后生成器使用 AdaIN 融合内容和风格来重建脸部。

最近，英伟达公司也部署了一个类似的模型，用来降低电话会议视频传输的比特率。可以在网上查看其博客（参见链接 41），了解他们是如何在现实世界中使用许多人工智能技术的，如 ISR、面部对齐和人脸再现。

接下来，我们将学习如何使用人工智能来转换一个人的姿势。

10.5.2　姿势转换

姿势转换与人脸再现类似，只是对身体（和头部）姿势进行转换。姿势转换有很多方法，但都涉及以身体关节（也称为关键点）作为特征。图 10.10 显示了一个由条件图像和目标姿态生成的图像示例。

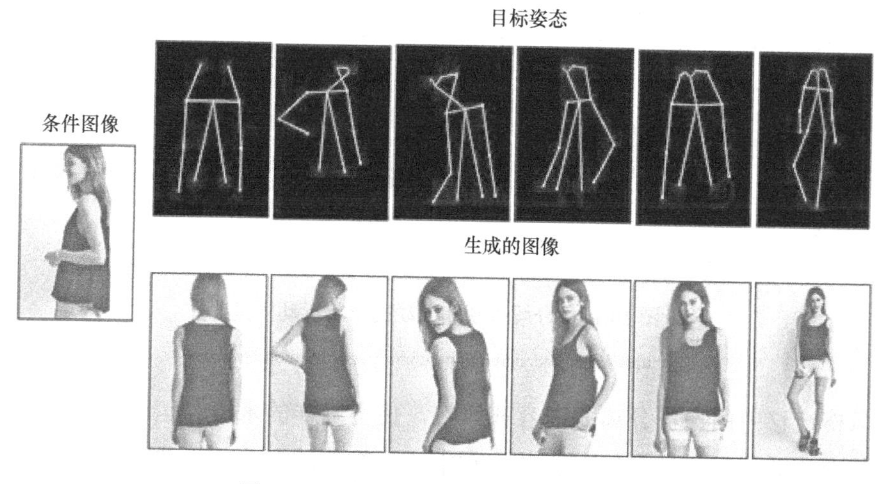

图 10.10　将目标姿态转移到条件图像上

（来源：Z. Zhu et al., 2019, “Progressive Pose Attention Transfer for Person Image Generation”, https://arxiv.org/abs/1904.03349）

姿势转换有许多潜在的应用，包括从单个 2D 图像生成时尚造型视频。由于人体姿势的多样性，这个任务比人脸再现更具挑战性。下面我们研究一个可以同时实现脸部再现和姿势转移的运动模型。

10.5.3 运动转移

前面介绍的人脸再现和姿势转移模型需要特定对象的先验知识，比如，面部特征和人体姿势关键点，这些特征通常是通过使用大量数据训练的独立模型提取的，获取和注释这些数据的成本可能很高。

最近，提出了一种称为**一阶运动模型**的**对象不可知模型**（A. Siarohin et al., 2019，参见链接 42）。由于它不需要大量带注释的训练数据，且易于使用，因此迅速受到欢迎。图 10.11 显示了分解外观和运动的一阶运动模型，它利用了视频帧中的运动。

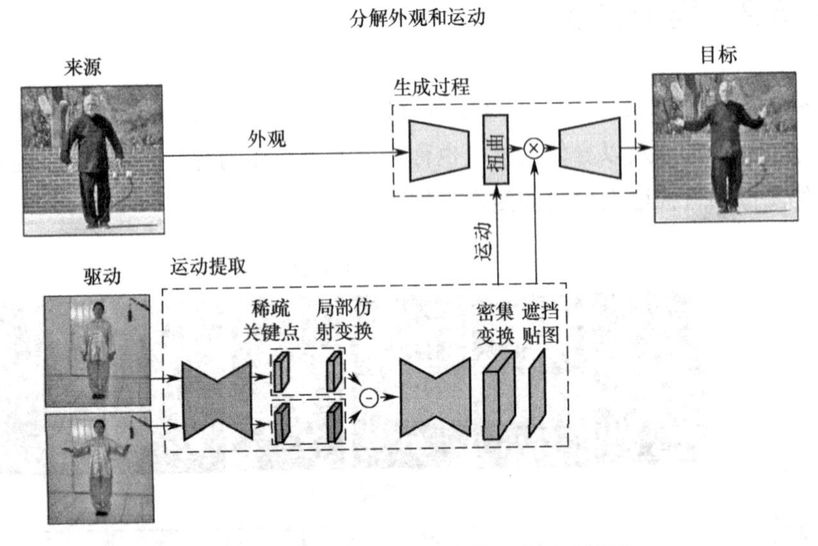

图 10.11 分解外观和运动的一阶运动模型

（来源：https://aliaksandrsiarohin.github.io/first-order-model-website/）

风格迁移中图像被分离为内容和风格，使用同样的术语，运动转移将视频分解为外观和动作。运动模块在驱动视频中捕捉物体的运动，生成器网络使用来自源图像（类似于 VGG 内容特征）的外观和运动信息来创建新的目标视频。因此，这个模型只需要一个源图像和一个驱动视频，就可以完成我们讨论过的许多视频任务，包括人脸再现、姿势转换和人脸交换。请务必看看网站上的演示视频。

尽管视频重定向 GAN 近年来有了显著的改进，但它仍然无法生成完美的视频制作所需的高分辨率图像。还有一种方法是将 3D 建模与 2D GAN 相结合，我们将在 10.6 节中讨论。

10.6 神经渲染

渲染是从二维或三维计算机模型中生成逼真图像的过程。最近出现的术语神经渲染是用来描述使用神经网络的渲染。在传统的 3D 渲染中，首先需要创建一个 3D 模型，使用一个描述对象形状、颜色和纹理的多边形网格；然后设置灯光和摄像机位置，将视图渲染成一个 2D 图像。关于三维物体生成的研究一直在进行，但仍然不能产生令人满意的结果。我们可以利用 GAN 的优势，将部分 3D 物体投射到 2D 空间中，然后使用 GAN 增强 2D 空间中的图像。例如，在将其投影回 3D 模型之前，使用风格迁移生成逼真的纹理，图 10.12（a）显示了这种技术的通用方法。

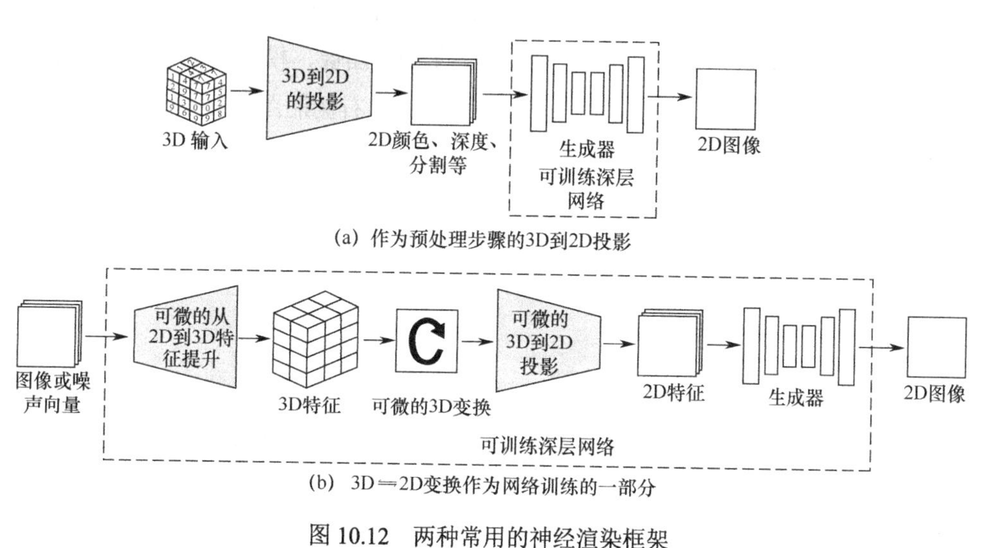

图 10.12 两种常用的神经渲染框架

（摘抄：M-Y. Liu et al.,2020,“Generative Adversarial Networks for Image and Video Synthesis：Algorithms and Applications”, https://arxiv.org/abs/2008.02793）

图 10.12（b）显示了使用 3D 数据作为输入和 3D 可微运算（如 3D 卷积）的框架。除了三维多边形，三维数据还可以以点云的形式存在，可以通过激光雷达/雷达或计算机视觉技术获得，如物体运动时的结构。点云是由描述物体表面的三维空间中的点组成的。3D 到 2D 深度网络框架的一个应用是将点云渲染成 2D 图像，如图 10.13 所示，其中输入是从一个房间获取的点云。

(a) 3D 点云到 2D 渲染

(b) 点云合成图像

(c) 真实图像

图 10.13 将点云渲染成 2D 图像

（来源：F. Pittaluga et al., 2019, “Revealing Scenes by Inverting Structure from Motion Reconstructions”, https://arxiv.org/abs/1904.03303）

也可以从 2D 图像到 3D 物体，这一过程被称为反向渲染。图 10.14 展示了 2D 到 3D 的反向渲染示例，第一列是给定输入的 2D 图像，模型预测 3D 形状和纹理，并将它们呈现到与原图相同的视角（第二列），右侧的图像显示了三种不同视角的渲染。

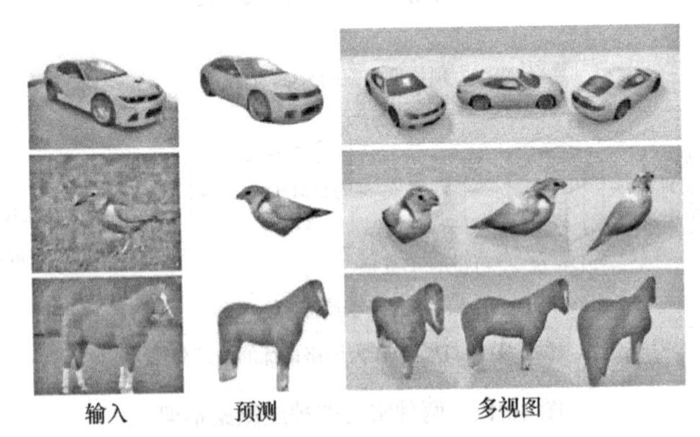

图 10.14 2D 到 3D 的反向渲染示例

（来源：Y. Zhang et al., 2020,“Image GANs Meet Differentiable Rendering for Inverse Graphics and Interpretable 3D Neural Rendering”, https://arxiv.org/abs/2010.09125）

在 2020 年，Y. Zhang 等人使用了两个渲染器的模型，一个是可微分图形渲染器，将 2D 渲染为 3D，这超出了本书的范围；另一个是生成多视图图像数据的 GAN，更具体地说，是 StyleGAN。我们很想知道他们为什么选择 StyleGAN。Y. Zhang 等人了解到 StyleGAN 可以通过改变潜码生成略有不同视角的图像。然后，他们做了一个广泛的研究，发现较低的层的风格可以用来控制摄像机的视角，从而使得 StyleGAN 成为这项任务的理想选择。这也是一个很好的例子，展示了我们如何将 2D 生成模型运用到 3D 世界中。

以上就是我们对神经渲染的介绍，这是一个活跃的领域，还有更多的用例有待探索。

10.7 本章小结

自 2014 年 GAN 和 VAE 问世以来，二维图像生成技术取得了重大进展。生成高保真图像在实践中仍然具有挑战性，因为它需要大量的数据、较强的计算能力和超参数调优。其实，如 StyleGAN 所展示的，我们现在似乎有技术可以做到这一点，特别是在人脸生成方面。

事实上，自 2018 年写本书的时候，这个领域还没有出现真正的重大突破。本书包含了通向 BigGAN 的所有重要技术，这些技术包括 AdaIN 和自注意力模块的使用，现在甚至在视频合成等相关领域也很常见，这为我们探索其他新兴的生成技术提供了坚实的基础。

本章首先回顾了我们所学到的东西，并在不同的分类中进行了总结，如损失和归一化技术；然后提出了一些关于训练生成模型的实用建议；最后介绍了一些新兴技术，特别是在视频重定向领域。

相信你现在有知识、技能和信心去探索新的、令人兴奋的人工智能世界，祝你在新的冒险中一切顺利。希望你喜欢本书，也欢迎你的反馈，这将帮助我提高写作技巧，使我更好地完成下一本书。谢谢！

反侵权盗版声明